2019年中国美术学院重点高校建设研创提升计划
科研培育资助项目成果

传统手工纸与纸质文物修复

李爱红　黄粒粒　朱徐超　著

中国美术学院出版社

序言

传统手工纸中，没有经过加工处理的纸被称为生纸，生纸经过二次加工之后，纸张性能变得多元化，这种经过二次加工的纸称为熟纸。当代文化用纸市场用的手工纸大多为生纸，使用熟纸的群体相较于过去少了许多，熟纸的加工工艺也失传了许多。现代熟纸大多指刷过胶矾水的纸，而胶矾水中的矾会影响纸张的寿命。因此，未来的人们或许还能看到宋人绘画，却很难看到我们这个时代画家的绘画作品。由于传统手工造纸工艺的逐渐没落，未来可能真的会出现好纸难求的景象。

作为一名纸质文物修复专业人员，对传统手工纸的认识，与画家或普通书画观赏者对手工纸的认识不一样。纸质文物修复人员必须了解一张纸是经历了怎样的制作过程，是由什么原料制成，都经过了哪些再加工的工序，以及在经历数百年的变化之后形成怎样的色泽度、强度，以及收缩比等，当把以上各种因素都了解明白，才能做到比较全面地为纸本文物匹配修复补纸。如何给一张古画配修复补纸，实际上体现了对纸张的综合认识，单纯依靠现代检测仪器，比如测厚仪、白度仪、纤维检测仪等，最终不一定能配出完全合适的补纸。因为有些纸即使白度一致、厚度一致、纤维原料一致，但因为年份不一样，经历的岁月不一样，纸张的光泽度等方面还是会不一样；又或者是不知道纸张经历过某个再加工的过程，那还是差一点火候，看上去还是不能匹配，做不到过去讲的“四面光”。我们常遇到修复的文物都是经过几百年岁月的变化，比如一副卷轴画，经过数次的开合收卷之后，书画背面的蜡会被转移到正面，之后逐步使正面画心产生了包浆，形成一种光泽度。配纸时，如何匹配有这样光泽度的补纸，需要掌握一定的纸张加工技术。对于古画承载物——古纸，在经过我们仔细的研究和模拟还原后，是可以模仿的。我们通过分析古代书画及文献用纸的二次加工，并运用传统的二次加工技术，还原古画原貌，这项研究工作非常有意义。

所以，了解传统手工纸的生产工艺以及二次加工工艺，了解古画、古籍等纸本文物纸张的外观特征以及物理、化学特征等，能帮助我们准确匹配补纸，能帮助我们准确还原古旧纸本文物的原貌，使我们在修复过程中最大限度地做到修旧如旧，恢复纸本艺术品昔日的光彩，恢复纸本文献的史料价值。

李爱红

2021 年 6 月于缮书堂

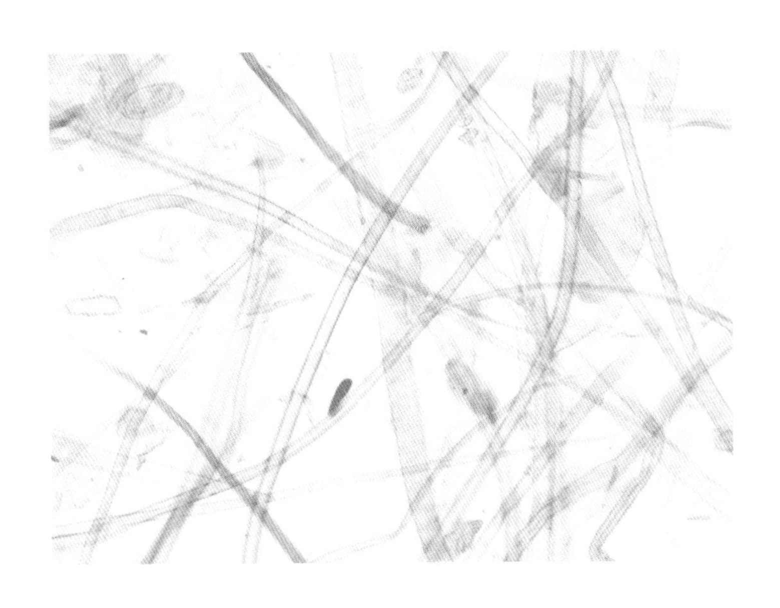

目录

第一章

我国传统手工造纸概述

第一节　传统手工纸的概念

1. 纸的概念

美国学者亨特在其著作中对纸这样定义："一种由植物纤维做成的存落在平滑多孔模上的薄面材料。"亨特进一步补充："作为真正的纸，必须由已经打成浆的植物纤维制成，使每个细丝成为个体纤维，再将纤维与水混合，用类似筛状的网帘将纤维从水中分离成薄片，水从网帘的小孔流出，纤维交织成片状的薄层就是纸。"① 我国造纸史研究专家潘吉星先生对纸的定义是："传统上所谓的纸，指植物纤维原料经机械、化学作用制成纯度较大的分散纤维，与水配成浆液，使浆液流经多孔模具帘滤去水，纤维在帘的表面形成湿的薄层，干燥后形成具有一定强度的由纤维素靠氢键缔合而交结成的片状物，用作书写、印刷和包装等用途的材料。"② 潘吉星先生非常简略地将纸的概念解释清楚，且这个定义既适用传统手工纸，也适用机制纸。对纸的定义有三个要素：第一，必须是植物纤维；第二，纤维要完全分散；第三，纤维要重新交结成型。真正的纸，必须由打成浆的植物纤维制成，并使每根细丝成为单独的纤维个体，再将纤维与水混合，利用筛状的帘将纤维从水中提起，水从筛状帘网中流出，留下纤维相互交织形成的薄层，这片薄层经过烘干，最终成为真正意义的纸。纸的纤维与纤维之间不是依靠胶的力量粘连起来，而是靠纤维素中的氢键连接相互结合吸附在一起。所以纸有一个特点，泡在水里，纤维素吸收水分子从而膨胀，此时纤维链间

① （美）达德·亨特：《造纸术：一项古代工艺的历史和技术》（第2版），多佛出版社，1978年，第4–5页。

② 潘吉星：《中国造纸史》，上海人民出版社，2009年，第4–5页。

的氢键连接会松弛，牢度弱，干了以后重新形成氢键恢复原先强度。纸张主要是由植物纤维里提炼的纤维组成，提炼的过程主要是捶打，把树皮割下以后进行沤烂、捶打，把黑皮去除，变成纸浆，再放进水槽，让纸浆浮动起来，之后捞成一张张纸，这是造纸的基本过程。纸在水里时，纤维互相之间的吸附力比较差，干了之后收缩，互相吸附在一起，纸就可以长久保存。纸张的强度和纸张纤维的长短有关，纤维越长，纤维纠缠的次数就越多，纠缠就越紧密，因此纸张的拉力和强度也就越大，也就越不容易破。

2. 手工纸的概念

一般而言，手工纸是区别于机制纸而出现的名称。机制纸是以木材、竹、草等原料为主的植物纤维经过机械磨浆或化学蒸煮，洗、选、漂后再经机械打浆，上造纸机成型、干燥制成的纸张。机制纸以化学处理和机械生产为主要特征，生产效率高，产量大。手工纸是指采用麻、韧皮、竹、草等植物纤维原料，通过手工堆沤发酵、石灰草木灰蒸煮、日光漂白、碓打舂碾等传统方法打浆，施用植物纸药或不用纸药，再经捞、漉、抄等方式成型，日晒或上墙焙干成纸。手工造纸是以传统手工劳作为主要特征，产量低，受众面小。由于现代技术的不断进步，机器造纸中的许多现代化工艺和设备也越来越多地被应用到手工造纸当中，这就导致手工造纸的过程发生变化，从工艺层面不断向机器纸靠拢。因此从概念上来看，手工纸与传统手工纸又必须区分开来。

3. 传统手工纸的概念

传统手工纸是指严格依照传统手工造纸工艺制造出来的原生态手工纸。只有能够完全符合传统手工造纸工艺和程序的，才能算得上原生态的传统手工纸。

手工纸与传统手工纸在制作过程中存在许多差异。为提高蒸煮效率，手工纸用纯碱取代传统的土碱石灰、草木灰对原料进行蒸煮，造成纸张质量下降；用荷兰式打浆机替代碓打舂碾，使原料纤维被强行切断，造成纸张强度降低。在漂白工艺上，手工纸为降低人工和时间成本，用化学漂白替代日光漂白，这降低了纸张寿命。手工纸在抄纸方式上也与传统手工纸不同，传统手工纸一定是采用传统的手工荡帘抄纸法，而手工纸则采用半机械化的喷浆抄纸法，抄造出来的手工纸与传统手工纸在纤维走势上是不一样的，传统手工纸的纤维氢键结合更紧实。手工纸在原料使用上也与传统手工纸不同，手工纸采用木浆和龙须草取代传统的麻料、皮料、竹料等，低廉的纸浆板原料做成的纸张只能用于书画练习。另外，手工纸在洗料净化纸浆的过程中，引入了机械化的净化洗浆设备，并且用化学原料聚丙烯酰胺取代植物汁液作为纸药悬浮剂用于纸浆中，还往纸浆中添加碳酸钙等化学原料，以改善吸墨性能，弥补低廉纸浆的不足。以上这些都是手工纸与传统手工纸的不同，工艺上、原料上、技术上的不同，使得手工纸在质量以及性能上远远低于传统手工纸。

第二节 传统手工纸的发展历程

1. 两汉时期

两汉时期的纸，主要是麻纸，根据出土的古纸样纤维检测分析，可以了解当时纸张的基本特征。1957 年在西安东郊灞桥砖瓦厂出土的西汉灞桥纸，在 1970 年经过显微镜分析，确认为麻料纸，这可以算作迄今所见世界上最早的纸。灞桥纸表面有较多纤维束，纤维之间交织不够紧密，分布不均匀，白度不高，纤维帚化程度低，属于造纸的雏形阶段。1977 年，出土于甘肃居延肩水金关的金关纸呈现较好的纤维特征，表面纤维束较少，纤维交织比较紧密，分布还算均匀，白度较灞桥纸更白，纤维帚化程度比灞桥纸高出许多，其纤维特征已经完全符合纸张的

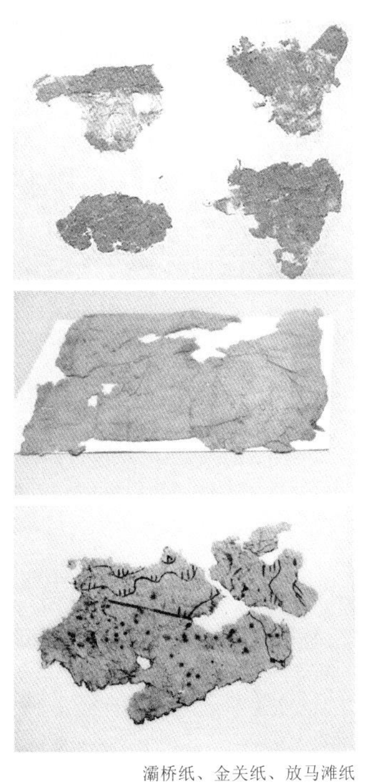

灞桥纸、金关纸、放马滩纸

要求。1986年在甘肃天水放马滩出土的放马滩纸，纸面平整光滑、结构紧密，表面有明显纤维束，纸上用墨线绘有山、川、崖等，是世界最早的纸绘地图。通过以上出土文物的检测分析，可以确认纸张的雏形在西汉已经形成，至东汉，蔡伦改良造纸技术，为中国造纸技术做出了巨大贡献。

依据潘吉星先生《中国造纸史》中关于汉代造纸技术的模拟实验，可大致还原两汉造纸技术过程。西汉造纸包括十二个步骤：浸润、切碎、洗涤、草木灰浸料、蒸煮、洗涤、舂捣、洗涤、制浆、抄纸、晒纸、揭纸。只有经历这十二个步骤的造纸，才能生产出类似西汉金关纸、放马滩纸那样的纸张。东汉造纸流程比西汉更精细，也更先进，蔡伦在造纸革新中最重大的突破就是以楮皮纤维造出皮纸，在他之前，造纸都是采用破布、绳头等废旧原料。蔡伦从树皮中提取韧皮纤维造纸，这比从破布中提取植物纤维造纸要难很多，因此是造纸技术上的一次重大突破。蔡伦在造纸技术上的第二个贡献是从渔网中提取麻纤维造出麻纸，并总结西汉、东汉以来的麻纸制造技术，改进和提升了麻纸的制造工艺。蔡伦的第三个贡献，则是提出推广造纸和用纸的建议并得到朝廷采纳，使纸张在社会上得到了推广。

2. 魏晋南北朝时期

造纸技术在魏晋南北朝时期得到进一步发展，当时除了使用麻、构皮之外，还开发出藤皮、桑皮、瑞香皮等原料，且在纸张品种、产量、质量和二次加工等方面也都有了较大提高。魏晋南北朝时期的造纸技术相较于两汉时期，在舂捣、漂洗、蒸煮技术上都有加强，还增加了纸内淀粉施胶技术，覆帘抄纸技术被广泛使用。纤维分散度提高，纸浆均匀，帘纹清晰，纸张白度增加，纤维束明显减少，纸张厚度也比汉纸薄。这一时期，纸在书写领域最初还与帛、竹、简并存，东晋以后，因为光滑、平整、耐折的纸张大量出现，使用了近千年的缣帛、简牍被逐渐取代。纸张运用逐渐传播到大江南北，形成“天下莫不从用焉”的态势，朝廷颁布“以纸代简令”，进一步促进了纸张的全面推广。

魏晋时期的手工造纸技术还处在起步阶段，造纸的纤维以粗长的韧皮纤维为主，造出来的纸有粗、松、厚的特征，纸张需要二次加工处理，需要经过涂布、染色（黄檗染色）、研光、施胶等工序，使纸张变得紧致平滑，便于书写。纸张表面涂布技术是将白色矿物质细粉用黏结剂刷涂在纸张两面，再用光滑的石头研光，经过涂布和研光之后，黏结剂和矿物粉被填补到纸张纤维的缝隙中。经过研光，原本凹凸不平的纸张表面被涂布剂覆盖，且黏结剂也使纸张纤维交织得更加紧密，因此经过涂布与研光的纸张更加洁白、光滑、结实、耐折，受墨也更好。纸张染色自汉代既有，到魏晋南北朝时期成为一种流行，此时的染色主要指染潢，装潢一词即来源于此。将纸染潢，粘接成卷子装，即为装潢。黄色是中国人一直以来崇尚的颜色，五行对应五色，黄色居中央，皇权以黄色为代表，黄色代表庄重，代表尊严，代表神圣。用黄纸书写成为必需，所以染潢也成为纸张二次加工必不可少的步骤。贾思勰《齐民要术・杂说第三十》：“凡打纸欲生，生则坚厚，特宜入潢。凡潢纸灭白便是，不宜太深，深则年旧色暗也。”[3] 贾思勰主张以黄檗染色，将纸张的白色去除即可，不宜过深，因为染过色的潢纸时间存放越久，颜色越深。事实证明，今天我们看到的许多古代文献颜色都是暗黄色。

北魏敦煌佛经《大楼炭经卷第七》，大英图书馆收藏

[3] 贾思勰著，石声汉释：《齐民要术选读本》，农业出版社，1961 年，第 196 页。

3. 隋唐五代时期

隋唐是我国古代造纸的第一个辉煌时期，造纸术传遍全国各地，纸张用途从书写扩大到绘画、响搨、拓印、装裱、印刷等。规模化的纸本画出现，绢本绘画创作前的粉本也多用纸张起草。民间开始出现雕版印刷佛经，纸张需求急速增加，这也促进了造纸技术的进步。用纸需求的增加使更多植物纤维原料被引入造纸，除传统的桑、构、麻之外，藤类、瑞香科、木芙蓉、锦葵科的韧皮原料在隋唐时期的古纸中也偶有发现，还有以竹纤维为原料的竹纸。这一时期文化用纸涉及书写、绘画及早期印刷品，书写功能依然是纸张性能的主要追求。

保存至今的隋唐五代时期的纸张以西北地区的写经和文书居多，纸张大多经过加工处理，常见的有硬黄纸、硬白纸（捶纸），还有部分染色笺纸，出现许多笺纸的加工方法。原料上，皮纸的比例较魏晋时有明显的增加，麻纸逐渐居次。造纸工艺此时已达到相当高度，尤其原料的处理非常精细。从存世样品来看，许多长纤维的皮麻纸也极细腻匀净。同时不仅制浆水平提高，制作抄造纸张的纸帘技术也得到提升，制造的纸帘帘条更细，特细帘条达到每条直径 0.05 厘米；纸帘幅面逐渐扩大，最大横幅接近 1 米，这也促成唐代后期能生产出巨幅纸张。这一时期出现用植物黏液作为纸药加入纸浆，这使得纸浆中的纤维能均匀地悬浮在纸浆槽内，大大改善了纸浆絮聚，便于抄造出优质纸

［唐］刘弘珪《金刚般若波罗蜜经》，硬黄纸

品；植物纸药的加入还增加了湿纸之间的润滑性，减少了揭纸时揭破纸张的困扰。

生纸作为主要书写材料，仍然需要二次加工，各种加工技术蓬勃发展，施胶、涂蜡、涂布、染色、染花纹、洒缀、捶砑在这一时期都已出现。造纸坊生产出的纸张，要送到城里的熟纸坊进行二次加工，使粗松的生纸变得紧致匀滑，美观多样。加工方法主要为：染潢涂布、上矾施胶、浆碓涂蜡。加工出的著名纸张有：硬黄纸、白蜡笺、粉蜡笺、流沙笺、金花笺、乌金纸、云蓝纸、薛涛笺、砑花纸、澄心堂纸等。

澄心堂紙一幅闊狹厚薄
堅實皆類此乃佳工者不
願為又恐不能為之試與
厚直莫得之見其楮細似
可作也便人只求百幅癸卯
陽日
襄
書

［北宋］蔡襄《澄心堂帖》，澄心堂纸

澄心堂纸是以南唐后主李煜的先祖李昪的起居场所“澄心堂”命名，是由李煜派人监造的仅供皇帝御用及颁赐群臣的皇家御用纸，民间少有流传。至北宋时期，因文人士大夫的妙笔诗句，澄心堂纸名满天下。刘敞、欧阳修、梅尧臣等都有咏诗赞美此纸。其中梅尧臣的《宛陵集·答宋学士次道寄澄心堂纸百幅》中这样描写：“寒溪浸楮春夜月，敲冰举帘匀割脂。焙干坚滑若铺玉，一幅百钱曾不疑。”这首诗不仅赞誉了澄心堂纸，还介绍了此纸的生产工艺。澄心堂纸产于安徽歙州，原料为楮皮，制造时间在冬季，以腊月敲冰水配制纸浆，因冰水下微生物少，造出来的纸张纯净，且经融化的冰水有如经过一遍提纯，加之冰水下纸浆纤维分散状态均匀，植物纸药稠度不会下降。澄心堂纸作为皇家御用纸，制作工艺精良，纸张洁白，纸面光滑，纸质坚厚，引得后世不断效仿。

4. 宋元时期

宋元时期是我国造纸术的第二个辉煌期，由于文化的繁荣和雕版印刷术的成熟，纸张的需求量迅速增加。书画及印刷用纸的大量需求促进了造纸技术的进步，具体表现在：动力上水碓的广泛运用；长纤维皮纸质量进一步提高；竹纸制造技术的成熟，并做文化用纸，标志着造纸史上一个新时代的到来。宋代这个特殊的崇文时代，促成了文化艺术的大发展，也使得这一时期名纸辈出，并出现许多关于造纸的论著。

宋元时期的造纸原料以构皮、桑皮、竹为主，麻纸生产因为原材料收集不易而逐渐减少，只在北方地区还有使用。麻纸以苎麻为主要原料，苎麻多产于北方，如山西、河北一带。皮纸以构皮、桑皮为主，产地多为江南一带，四川也有生产质量上乘的皮纸。宋元时期的皮纸经常被误称为白麻纸，只因皮纸中常出现较长的纤维束，或纸面出现不平整与麻糙的质感，这些表面的触觉感官导致皮纸被误称为麻纸，然而当时麻纸的使用已经没有那么普遍。在宋代，对皮纸的精加工表现在三个方面。第一是不断提高的精工细作。水碓技术的引入使舂捣纸料能做得更细，使纤维束能够被完全切断，使纸浆打得更加细腻均匀。第二是纸药在制浆中的广泛应用。要生产高品质的皮纸，仅仅做到提纯原料、精细舂捣还不够，还必须提高纸浆中纤维的均匀悬浮度，并使湿纸便于揭纸烘干，纸药的添加，使中国传统手工造纸技术得到大大提升。第三是在皮料纸浆中掺一些短细纤维的竹料或草料制成混料纸。混料纸取长短纤维的长项，既有长纤维的结实韧性，又有短纤维的平滑光洁。另外，竹纸在宋代得到大力发展，因为生产过程的精耕细作，反复舂捣与多级蒸煮，使得竹筋和杂质大大减少，此时的竹纸已经大量作为文化用纸。宋元时期，竹纸多产于浙江、福建、江西等地，因其成本低，吸墨好，非常适合印刷书籍，在民间得到广泛应用，尤其是福建地区，大多数建本都是采用竹纸印刷。但是，相较明清竹纸，宋代竹纸在制作工艺上还处于初级阶段，竹纸相较当时的皮纸还属于低端纸，纸张整体比较粗黄，部分竹纸竹筋还比较明显，拉力、强度及耐蛀方面远不及皮纸、麻纸。所以宋元时期的主要用纸还是皮纸。

另外，因为造纸技术的进步，生纸质量大大提高，许多生纸不经过加工就能满足书写、绘画的需求。因此，对二次加工熟纸的要求逐渐降低，轻加工或不加工成为趋势。虽然在大环境中熟纸加工需求减少，但在纸的加工品种方面却超过以往任何时代。明人屠隆《纸墨笔砚笺·纸笺》中这样记载宋纸：“有碧云（笺）、春树笺、龙凤笺、团花笺、金花笺。…… 有藤白纸、观音帘纸、

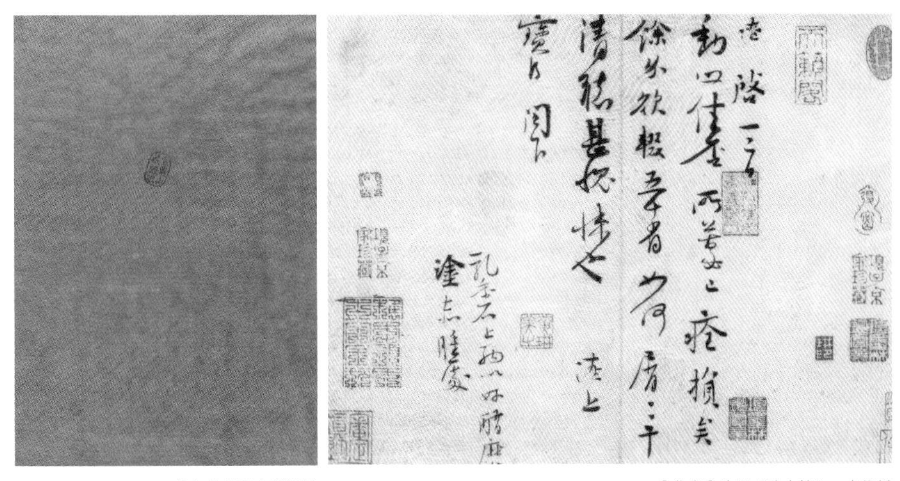

［宋］金粟山藏经纸

［北宋］沈辽《动止帖》，水纹纸

鹄白纸、蚕茧纸、竹纸、大笺纸。有彩色粉笺，其色光滑，东坡、山谷多用之作画、写字。”④ 这里提到的碧云笺、彩色粉笺等都是宋代的加工纸。这些纸大多经染色、施蜡、添粉、泥金、描龙等加工处理。在纸的加工技术方面，宋元不仅继承了隋唐五代的技法，还有更多新的发展。比如唐代与宋代齐名的薛涛笺和谢公笺，都是染色笺，薛涛笺只一深红色，谢公笺有十色。元人费著所做《笺纸谱》中记载：“谢公有十色笺：深红、粉红、杏红、明黄、深青、浅青、深绿、浅绿、铜绿、浅云，即十色也。”单从染色一种加工方法上看，宋代已有进步。再看唐代著名的硬黄纸和硬白纸，在宋代也得到进一步发展，演变出了黄蜡笺和白蜡笺。而这种黄蜡笺与宋代著名的金粟山藏经纸同属一类。金粟山藏经纸原纸以皮纸居多，纸厚，可分层揭开，经黄檗染色，内外施蜡砑光，帘纹不显，表面光滑，制作极为精致，是宋代蜡笺的典范。宋人喜用典雅内敛的花笺纸，其中最著名的笺纸有砑花笺和水纹纸。砑花笺是指将染色、涂蜡、砑光后的皮纸砑以人物、花鸟、虫草、山林等暗花纹，以达到“精妙如画”的效果。水纹纸是在加工纸上画有波浪纹的笺纸。宋元时期其他的著名艺术加工纸还有销金花绫纸、端木堂纸、瓷青纸、云母笺等，都是在唐代加工纸基础上的进一步发展。

④ 屠隆：《纸墨笔砚笺·纸笺》，《美术丛刊》二集九辑，上海神州国光社排印本，1936 年，第 136 页。

5. 明清时期

明清是我国传统手工造纸的鼎盛时期，造纸业繁荣，尤其南方一些造纸集中的地区，发展出许多著名纸行、纸号。造纸原料以竹、皮、麻、稻草为主，南方盛产竹，因此竹纸产量居首位，竹纸主要用于印刷与书写。皮纸的生产南方、北方均有，多用于书画、印刷等。麻纸生产主要在北方，产量较少。明清时期的纸张主要有白绵纸、竹纸、泾县纸，以及各种加工纸。《天工开物》中这样记载白绵纸：“纵纹扯断如绵丝，故曰绵纸。”这里的绵纸指的就是精细皮纸，包括桑皮纸、楮（构）皮纸、青檀皮纸、结香皮纸等。明代皮纸洁白绵韧，干净细腻，纸面有丝质光泽，因此被称作白绵纸，不同于宋元时期，同样是皮纸，却被称为白麻纸。明清时期，绵纸中混料现象普遍，除了常见的构皮与竹混料、青檀皮与稻草混料，还有构皮与稻草、青檀皮与结香皮等混料，可见当时制作混料纸的工艺已经完全成熟，这也是明清造纸技术高度发展的一个特征。

明代初期，官方在江西南昌创办西山官纸局，以生产高级楮皮纸为主，供内府御用。这里产的楮皮纸或为明代《永乐大典》的抄写纸，洁白、细匀、结实，可从保存至今的《永乐大典》中得以证实。西山官纸局生产西山供纸

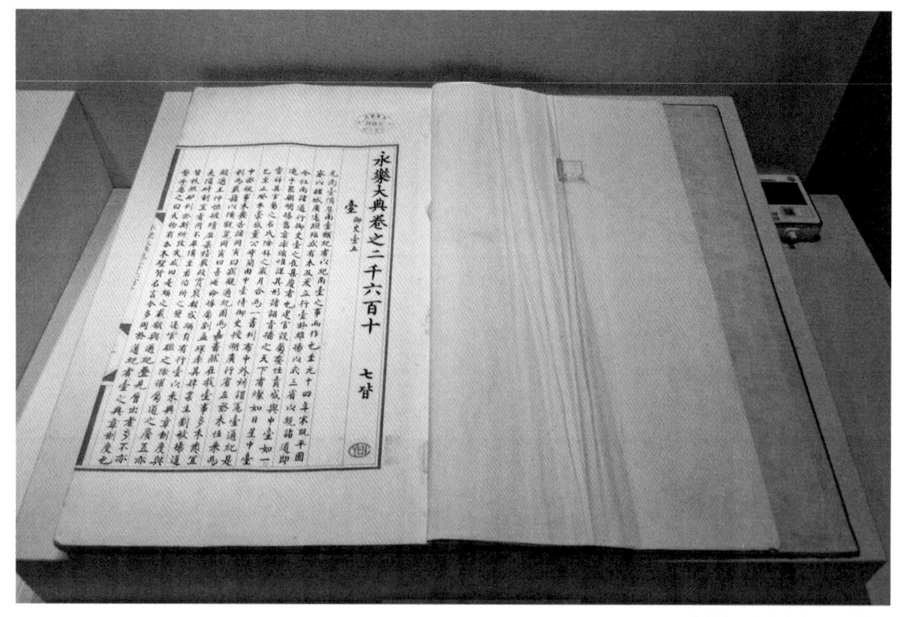
永樂大典卷之二千六百十
七皆

［明］《永乐大典》，白棉纸

至宣德年，名称演变为宣德纸。大约在隆庆、万历年间，西山官纸局迁至江西广信府铅山县，当时仍以制造楮皮纸为主。《江西省大志》卷八《楮书》对江西宣德纸的制作工艺做了详细介绍："槽户雇请人工，将前物料（楮皮）浸放清流激水，经几昼夜，足踏去壳，打把捞起，甑火蒸烂，剥去其骨，扯碎成丝，用刀挫断。搅以石灰存性月余，仍入甑蒸。盛以布囊，放于急水，经数昼夜，踏去灰水。见清，摊放洲上日晒雨淋，无论月日，以白为度。木杵舂细，成片揭开。复用桐子壳灰及柴灰和匀，滚水淋泡。阴干半月，涧水洒透，仍用甑蒸、水漂，暴晒不计遍数。多手择去小疵，绝无瑕玷。刀斫如炙，揉碎为末，布袱包裹，又放急流，洗去浊水。然后安放青石板合槽，任其自来自去。药和融化，澄清如水。照纸式大小、高阔、置买绝细竹丝，以黄丝线织成帘床，四面用筐绷紧。大纸六人，小纸二人，扛帘入槽。水中搅转，浪动搅起，帘上成纸一张。揭下，垒榨去水，方始成纸。"⑤ 这段文字详细记录了皮纸（白绵纸）生产的七十二道工序。

自明初开始，皖南地区出现的"泾县纸"有着优良的印刷性能和高品质的书画性能，发展到明末，已成为纸中翘楚。泾县造纸工艺最早可以追溯到南朝，经历隋、唐、宋、元，至明代，泾县地区大岭、小岭、曹溪等山区的青檀皮纸的造纸技术得到进一步发展。明末书画家文震亨《长物志》卷七中这样评价："泾县连四最佳。"清乾隆时期文人蒋士铨咏诗："司马赠我泾上白，肌理腻滑藏骨筋。平浦江沵展晴雪，澄心宣德堪为伦。"这首诗赞美泾县纸堪比澄心堂纸、宣德纸。泾县纸最初造纸原料均采用青檀皮皮料，但因皮纸产量逐年增加，青檀树被砍伐无度，造成青檀树锐减，原料供应不足，不得已工匠们往造纸原料中添加楮皮或沙田稻草，以填充青檀皮料的不足，发展至清代中后期，纯皮料的泾县纸逐渐变为青檀皮与沙田稻草混合的宣纸。江西宣德纸和安徽泾县纸在中国传统造纸史上已经形成完整的造纸体系，发展到后期，泾县成为中国最大的传统手工造纸基地，直到今天亦是如此。泾县纸早期以泾县连四纸、泾县榜纸最为有名，后世著名的开化纸应该就是指泾县纸，到了清中期以后逐渐被称为宣纸。

⑤ 陆万垓：《楮书》，《江西省大志》卷八，国家图书馆藏万历廿五年（1597）刊本。

竹纸技术在明清时期发展成熟，熟料竹纸和生料竹纸的生产技术更为完善，多级蒸煮，加上天然漂白技术，竹纸质量大有改善，形成多样化的品类体系，使竹纸成为写、印用纸的主流。明清时期，我国南方各个产竹地区几乎都有竹纸生产，浙江、福建、江西、广东、四川竹纸生产最多，湖南、湖北、广西、陕西等地也有竹纸生产。不同地区的不同需求，使得竹纸生产工艺有所不同，因此竹纸品种也非常多，一个地方出产几十种甚至上百种都很常见，当时大的产区甚至有几百种之多。根据工艺和产区，竹纸可分为四类：第一类为熟料竹纸，是经过天然漂白的连史纸类，也叫连四纸；第二类是经过多级蒸煮，以贡川纸、玉扣纸为代表；第三类为生料纸，没有经过蒸煮，是通过长时间石灰浸沤生产出来的，以毛边纸、官堆纸、毛太纸为代表，这类纸多用于书写和印刷；第四类也是熟纸，但蒸煮的过程只有一次，做出来的纸比较绵软，适合书写，如富阳元书纸。明清时期介绍竹纸生产工艺的书籍也很多，其中《天工开物》中详细记录了竹纸的生产工艺，除此之外，还有《三省边防备览》介绍陕南竹纸生产技术，《造纸说》介绍浙江竹纸生产技术。明清时期，竹纸价格低廉，又方便写、印，广受亲睐，不仅民间写、印大量使用，官方亦是如此。

明清时期的加工纸也是集历史之大成。此时的加工技术已达到很高水平，以往各朝的著名加工纸在这一时期都有仿制，同时还出现许多新的加工纸品种。明方以智《物理小识》中记载："宣德五年造素馨纸印，有洒金笺、五色、金粉、磁青、蜡笺……宣德陈清款，白楮皮，厚可揭三四张，声和而有穰。其桑皮者牙色，研光者可书。"⑥从这里可以了解用宣德纸加工的这类加工纸，被统称为"宣德宫笺"。作为贡纸，宣德纸的品种很多，有厚纸、薄纸，有白纸、五色纸，还有粉笺、蜡笺、五色粉笺、洒金笺、金花五色笺、洒金五色粉笺、磁青纸、羊脑笺等十几个品种。这里需指出一点，宣德纸是宣德年间由江西西山官纸局生产的白绵纸，还包括经加工而成的各类"宣德宫笺"。宣德纸作为明代著名的纸品，至今在故宫博物院等地均有收藏。清代文人查慎行咏诗："小印分明宣德年，南唐西蜀价争传。侬家自爱陈清款，

⑥ 方以智：《物理小识》卷八，丛书集成本第543册，商务印书馆，1936年，第189页。

不取金花五色笺。”宣德纸是继南唐澄心堂纸、唐代蜀笺之后，深受宫廷及民间喜爱的名纸。明清时期还仿制了南唐澄心堂纸、唐代薛涛笺、宋代金粟山藏经纸、元代明仁殿纸等著名古纸。

［明］《妙法莲华经》，羊脑笺

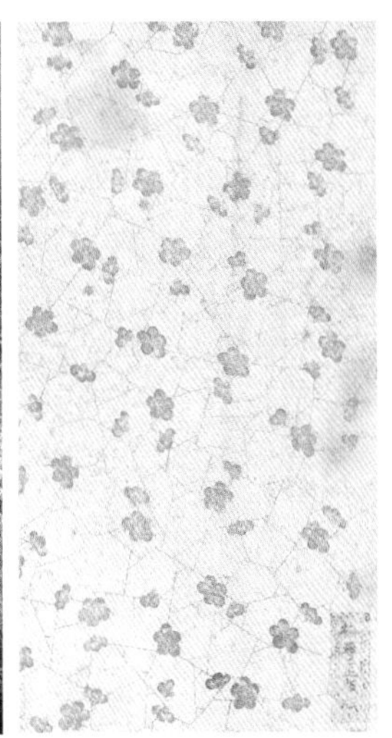

［清］梅花玉版笺

6. 民国及近代传统手工纸

清末民国时期，随着西方机制造纸技术的发展与引进，随着近现代机制造纸技术的进步，传统手工纸在书写与印刷等领域逐渐被机制纸取代，传统手工造纸行业急剧衰退。传统手工纸在应用领域退缩到只有书画纸这一块，还有部分低端传统手工纸退缩到宗教用纸、生活用纸等领域。大量手工纸品种消失，加工纸品种消失得更快。麻纸、皮纸、竹纸的生产无论在质量上、品种上、产量上都日渐式微，而宣纸却一家独大，甚至成为传统手工纸的代名词。发展到现代，以龙须草为代表的工业纸浆渗透到传统手工造纸中，书画纸占领大量书画用纸市场，加上漂白工艺及化学原料介入、纸浆舂捣工艺的机械化等，促使传统手工纸品下降，传统手工造纸不再纯粹，以致直到如今，传统手工纸的生产环境都不容乐观。

第三节　传统手工纸的生纸加工工艺

我国传统手工造纸历史悠久，分布地域广泛，种类繁多。手工纸的纸质受原料纤维特性影响较大，且因为原料不同，手工纸的生产工艺也有较大差别。传统手工纸的原料以韧皮纤维和竹草类茎杆纤维为主，一般分为麻纸、皮纸、竹纸、草纸、混料纸。麻纸原料主要有苎麻、大麻、亚麻、黄麻等。皮纸种类较多，包含藤皮纸、桑皮纸、构皮纸、楮皮纸、青檀皮纸、三椏皮纸、雁皮纸、腾冲纸、东巴纸、狼毒纸等，藤皮纸因为原料绝迹，已经消失。混料纸依据混料的不同，分为麻皮混料、麻竹混料、皮竹混料、皮草混料等，不同皮料之间也有混料生产，比如楮皮与青檀皮的混料纸。过去常见的混料纸有明代江西生产的楮皮、毛竹混料纸，现在最常见的混料纸是安徽泾县生产的青檀皮、沙田稻草混料宣纸。传统手工纸的生产工艺包括砍料、沤洗、蒸漂、舂捣、抄捞、榨焙等几十道工序，每一道工序都蕴含着古人的智慧与经验。

我国传统手工纸的生产因地域、品种、年代不同，加之各个纸品的品质追求不同，使得具体的生产工艺在细节上又各具特点。不过中国传统手工造纸毕竟一脉相承，在此以几种有代表性的纸种作为例证，凭借古籍中对传统手工造纸的介绍，对我国传统手工造纸的基本工序稍做呈现。纵观各地现有的手工造纸工艺，大多沿用了明代宋应星《天工开物·杀青》一卷中所记载的造纸的方法。文中除详细描述皮纸的生产工艺之外，还详细记录了竹纸的生产工艺，并附有五幅描述生产过程的版画插图：斩竹漂塘、煮楻足火、荡料入帘、覆帘压纸、透火焙干。这五幅插图比较全面直观地介绍了传统手工纸的制作过程，如果说还有重要步骤缺少的话，应该是少了一张舂碓打浆的插图。所以，在台北出版的《中国造纸术盛衰史》一书中增加了一幅打浆图。依据六幅插图，归纳传统手工造纸工艺流程：斩竹漂塘指备料过程，包括砍伐、切断、浸沤等步骤；煮楻足火指制浆过程，包括蒸煮、洗涤、晒白等过程；舂捣打浆为打浆过程，包括舂碓、洗料、打浆、调料等过程；荡料入帘指抄纸过程，包括打槽、荡料、捞纸过程；覆帘压纸和透火焙干包括覆纸、榨纸、分纸、焙纸等过程。传统手工纸大致的生产过程如上所述，每种纸的生产工艺各有千秋，在细节上都有各自的特点，但备料、制料、抄纸的过程都是必须有的。只是因为每种物料料性的不同，使得备料工艺、处理工艺不同；又因成纸品种不同，制浆与抄纸工艺等也有所区别。下面对几个重要的造纸步骤稍做介绍。

斩竹漂塘

煮楻足火

荡料入帘

透火焙干

徐诗琪临《天工开物》

1. 备料

造纸原料前期的采集与处理称为备料，是造纸原料的收集过程。在传统手工造纸中，原料采集时间是有讲究的，每一种原料都有不同的采集时间。苎麻一般在每年初夏时节采集一次，秋末还可采集一次，一般以麻杆韧皮纤维成熟的时节最佳。如果早采，纤维还没长成，无法获取最多的纤维束；如果晚采，韧皮纤维完全木质化，无法取得最好的韧皮纤维。大麻、亚麻等为一年生，只在秋季采收。

皮料采集较为复杂，因为皮料种类多，每个树种的采集时间有所不同。皮料树种为多年生植物，采料时间较为宽泛。桑皮和构皮采集时间接近，一般在春末夏初最佳，树木选择两年至三年生最好。贵州丹寨构皮纸和安徽潜山桑皮纸、构皮纸的皮料都在 3 月至 5 月之间采伐。也有特殊地区如云南鹤庆，一年四季都采，采下的构皮晾干存放。青檀皮皮料的采集时间主要在冬季，最好是霜降之后砍枝剥皮，以两年至四年生枝条最佳。瑞香科皮料采集时间比较复杂，每个季节都有，比如三桠皮是在初春时节花蕾开出之后砍枝剥皮，而滇结香皮则在夏季采伐，狼毒草也在夏季六七月之际挖根剥皮。

采集时间要求最精准的是竹料。因为竹子生长速度快，取竹料又必须是竹子纤维刚刚长成的嫩竹，长得稍嫩或稍老都不行，所以必须找准时间点（一般相差不能超过三两天），在竹纤维还没有木质化的时候砍伐。比如毛竹在一级枝丫刚分叉，二级枝丫尚未分叉之前，是最好的砍伐时间。福建将乐一般在谷雨后立夏前砍伐嫩竹；江西铅山在立夏节气前后砍伐；浙江富阳在小满节气之前砍伐。每年竹料砍伐的时间大约一周左右，一般深山背阳的竹子长得慢一些，可以晚点砍，浅山向阳的竹子长得快，需先砍。一年中好的竹料可砍伐时间很短，有时因为人工跟不上，只能错过最佳的采集时间。

草料的采集不像竹料对时间要求严苛，也不像皮料砍伐要求那么复杂。稻草、麦杆等禾草原料一般是在收获季节，将稻子、小麦等收割脱粒之后，收集剩余草秆即可。因为稻草是干的，便于长时间存放。

对不同原料，掌握采集时间，如何采料、处理、收藏，都有讲究。每种原料都有相应的处理方法。以麻为例，剥取韧皮后，一般会洒上水，均匀分散晾晒，或者直接放入水中浸沤，使其脱胶。皮料在枝条砍下后，剥取韧皮的方法有很多种，简单操作就是直接剥皮，用刀刮去皮壳，采料就算完成。复杂点的，像贵州丹寨构皮纸取皮是采用火烤的方式，把树枝放在火上烤，等树皮松软之后再剥下。安徽泾县的青檀皮则是通过蒸煮使树皮松软，从而取下韧皮，韧皮外层的皮壳因为蒸煮与撕扯，也基本去除，残留部分在后道拣选工序中剔除。制造藏纸的原料狼毒草的取料方法是采用石头敲打，使其根部韧皮被砸开，从而剥取。所有韧皮剥下之后，去除外层皮壳，留下中间的白色韧皮纤维，在通风处晾干，收藏备用。嫩竹被及时砍伐收集之后，也要经过处理，不同地区、不同竹品，处理方法也各不相同。一般都要经过截短杀青处理，连城竹料截短杀青之后，破开直接放入池塘中浸沤，富阳竹料在截短杀青之后，还要把竹子敲碎破节，再入塘浸沤。江西铅山竹料和福建将乐竹料的杀青则是分别放在浸泡和沤泡之后完成。当然也有不杀青的，如浙江奉化棠云苦竹纸就没有杀青步骤。竹子的备料方法因产区不同，各有习惯，各有自己的经验，不像草料的采集，非常简单，只要去除杂质，留下茎秆，捆扎起来即可。

奉化棠岙竹纸的砍竹、破竹、剖竹、阴料

2. 浸沤脱胶

备料之后，原料需要再经过清洗、拣选、浸泡等过程，才能进入浆灰浸沤脱胶的步骤。造纸所需要的原料是纤维素，除纤维素之外的杂物，包括杂物中的果胶、树脂和木质素，都要去除。果胶是指纤维与纤维之间像胶水一样把纤维连接在一起的成分，它是纤维素相邻细胞之间的黏结物，如果不将其去除，很难把纤维打碎。另外，纤维中含有果胶的话，势必增加原料的硬度，从而影响纸张柔软性。果胶里还含有骨胶，会使纸张吸收墨和颜料时阻挡墨和颜料的渗入，所以骨胶必须除掉。

汪六吉宣纸制作中的清洗皮料及草料拣选

在制造传统手工纸的麻、皮、竹、草等原料中都含有果胶。由于大部分果胶都溶于水，通过浸泡能溶化洗掉，所以脱胶大多采用泡塘浸沤的方法。有一些仅靠浸泡还不够，会采用加热蒸煮以及浆灰沤料等技术。热水能溶解不易散开的果胶，碱性的石灰通过腌沤能分解果胶。因此浸沤脱胶有三种方法：水沤、蒸煮、灰腌，统称沤料。沤料的最早来源，大概是麻类织物制造的沤麻脱胶，而传统手工造纸的沤料与麻织物制造的沤麻一脉相承，都是利用水中微生物的果胶酶分解原料中的果胶。沤料过程中，除果胶酶以外，微生物中还有许多细菌能产生淀粉酶、蛋白酶、半纤维素酶等，充分降解原料中的树脂、蛋白质、半纤维素以及部分木质素。古人造纸用的生物发酵技术并不比现代造纸的生物制浆技术落后，他们在实践过程中往往各怀绝技，比如富阳元书纸用童子尿作为发酵母，通过现代科学分析似乎找到了科学依据。

奉化棠岙竹纸的浸沤腌料

富阳逸古斋的童子尿发酵腌料

对于麻、皮、竹、草等不同原料，不同区域的脱胶方法各不相同。在浸泡、蒸煮、灰腌基础上，各种方法互相搭配，加之在细节、步骤、时间上的不同处理，形成了五花八门的沤料脱胶方式。麻料主要是破旧的麻袋、麻布、麻绳等，一般在纺织前已经完成脱胶。本阶段主要做清洗、切料、碾料，灰腌发酵，将麻料放入碾槽，加入白色石灰浆，碾压半小时左右，使麻料完全沾裹白石灰浆，然后取出堆放在石板上，再撒上石灰腌沤，根据天气情况，夏季腌沤 10 天左右，春秋季 20 天左右，冬季 30 天左右。皮料的浸沤脱胶方法比较多，一般所有皮料都要先经过河水浸泡，脱掉一部分果胶，再以浆灰发酵进一步去除果胶。具体到每一地区、每一品种，细节上都有不同：贵州丹寨构皮浸沤比较简单，直接放到河里水沤 3 ～ 5 天即可；云南傣族皮纸需要先水沤 2 天左右，之后加入草木灰并进行蒸煮；而云南鹤庆构皮纸需要放入水中浸沤 10 天左右才行。这个水沤的时间还不算长，时间稍长的像贵州长顺构皮纸，浸沤时间长达 50 天左右。无论水沤多长时间，单纯通过水沤都不可能完全脱胶，还需要在后续蒸煮过程中继续脱胶。皮料中脱胶比较复杂的是安徽潜山桑皮纸和泾县宣纸。这两种皮料都需先用水加热蒸煮，使韧皮松软，剥去韧皮放入水中浸沤 2 天左右，再用石灰腌沤，桑皮腌沤 2 天左右，青檀则要半个月以上。晋代剡溪藤纸的藤皮在浸沤脱胶过程中，时间长达 3 个月，灰沤发酵时间更长，据记载，发酵时间夏季 1 ～ 2 个月，冬季 4 ～ 5 个月，使藤条呈泥浆状，才能使果胶完全脱离。

竹纸因竹子的品种、产地不同，沤料脱胶的方法也各不相同。竹料中有用的纤维含量少，要去除的杂质多，所以浸沤脱胶工艺也较为复杂。竹纸又分生料纸与熟料纸，因为生料纸没有蒸煮环节帮助脱胶，其竹料浸沤时间通常比熟料纸的竹料浸沤时间长。比如玉扣纸、毛边纸、西山纸等，竹料都需用石灰腌沤近两个月之久，然后换清水漂洗，再连续水沤 1 个月，整个过程长达三四个月。江西铅山连四竹纸浸沤的方法就是将竹料堆放在流动河水中，让河水冲刷浸沤竹料 3 个月左右，使竹料柔软糜烂，再通过搓洗、捶打，清洗掉果胶杂质，留下纯纤维的竹丝。富阳的元书纸在浸沤之前砸碎竹筒，将砸碎的竹料捆绑浸入水池中用石头压住，水沤 10 天左右，再将石灰和竹片沤在一起，捆叠起来放进沤池中，堆沤几天，让石灰渗入竹料当中，保持黏黏的状态，石灰化开以后，温度能达到100多度，使非纤维素完全分解。为使发酵均匀，隔1～2天要将堆料上下调换位置。稻草浸沤的方法较简单，先将草料翻踏，破坏草杆表皮组织，便于吸收石灰水，再将稻草成捆放入石灰水中堆积起来，浸透石灰水，时间在1个月左右，其间将草堆翻身两到三次，使发酵均匀。待稻草变软，手指能将草纤维捻开，再将草料放入河水中清洗。

富阳逸古斋竹料的竹料浸沤；摔打冲洗沤料脱胶；奉化棠岙竹料装入陶缸自然发酵浸沤6个月

传统手工造纸工艺中，植物纤维中的果胶去除非常关键，只有果胶去除干净，才能保证良好的蒸煮效果，所以脱胶必须在蒸煮之前完成。经过沤料脱胶的原料变得柔软干净，从而方便后续碱液的渗透和蒸煮。

3. 蒸煮洗涤

手工造纸原料经过浸沤脱胶之后，还要经历蒸煮洗涤过程，主要目的是清除原料中的木质素。前面提到造纸原料中包含纤维素、果胶、半纤维素、木质素，还有一些淀粉树脂等，通过浸沤会去除大部分果胶、淀粉、树脂等，但原料中顽固的木质素还没有清除。要清除木质素，少不了最关键的蒸煮过程。当然，竹纸中的生料纸是没有蒸煮工序的，古法造纸中的晋代名纸藤纸也没有蒸煮过程，这些生料纸主要靠长时间浸沤、发酵、舂碓，以及反复清洗、打料来替代蒸煮的过程。而其他品种的纸都至少需要蒸煮1次，有些高品质的纸不仅需要二次蒸煮，甚至有三次、四次蒸煮。多级蒸煮是通过不同的石灰蒸煮、草木灰蒸煮、纯碱蒸煮等，一遍遍层层递进，反复蒸煮，彻底清除原料中的木质素。在蒸煮过程中，还能进一步清除残留的果胶、树脂和淀粉等杂质。

传统手工造纸过程中，为什么一定要彻底去除木质素？因为木质素颜色

奉化棠岙竹纸制作中的蒸煮

深且质地硬，如果不去除，很难生产出洁白柔软的高品质纸张。其次，存在于纤维表面的木质素会阻止纤维素分子间氢键的形成，降低纸浆纤维间的结合强度。另外，如果造纸过程中木质素没有去除干净，会导致最后的成品纸张寿命大大缩减。因为木质素极易受环境影响老化进而连带纸张老化，所以我们在选择修复用纸时，首先要排除纸张纤维中含有木质素的纸。此外，木质素和果胶一样，都是纤维之间的黏结剂，而且木质素的黏结力远远强于果胶，如果不彻底去除，纤维素也很难被打散。蒸煮、洗涤是去除木质素最好、最安全的方法，因为单用清水不能溶解木质素，只有在蒸煮过程中通过高温和酸碱作用，将大块木质素从纤维素中溶解下来分解为细小个体，并通过不断清洗，才能将其彻底清除。反复蒸煮与清洗，是传统手工造纸去除木质素的基本方法。不同纸品、产区，不同原料、药剂、楻桶，以及不同蒸煮温度、蒸煮时间等，形成了五花八门的蒸煮方法。蒸煮时有的采用蒸法，隔水以蒸汽加热原料；有的采用煮法，在一整个篁锅的料里灌满水，烧火炖煮。相较

而言蒸法要更好一些，蒸汽的加热效率高，碱液浓度也更大，脱出的木质素随冷凝水流入下方的锅里，避免其重新在纤维中沉积。各个产区的蒸煮时间也长短不一，短则一两天，长则七八天。当然这与原料和纸种有很大关系，不同的原料木质素含量不同，蒸煮时间自然各不相同。不同的纸种有不同的工艺，对蒸煮的需求也各有区别。

蒸煮主要分石灰蒸煮、草木灰蒸煮、纯碱蒸煮、烧碱蒸煮等四种方式。烧碱蒸煮不适用于传统手工造纸，前面我们介绍传统手工造纸与手工造纸的区别时，就讲到这一点。以上几种蒸煮方法的原理都是利用高温与碱使木质素溶解，使其从纤维素中脱离，它们的区别在于碱性强度和溶解对原料纤维的影响。石灰蒸煮在传统手工造纸中属于比较温和的蒸煮形式，为避免碱性过强，石灰采用熟石灰浆，原料均匀浸入石灰浆中，要堆沤 30 小时左右，使碱液完全渗透到原料中，之后捞出放入篁锅中蒸煮 3 天左右。因为石灰的碱性缓和，对纤维素的破坏性小，且帮助进一步脱去果胶、树脂、杂质。经过石灰蒸煮的纸浆做出的纸一般洁白柔韧，适合做书画用纸。草木灰蒸煮是指用植物烧过后的灰作为碱蒸煮剂。草木灰蒸煮一般采用两种方法：一种直接用草木灰包裹原料进行蒸煮，这种操作虽然简单，但因为草木灰中杂质较多，影响纸张质量；另一种是将草木灰浸泡提取过滤后的碱液，浸裹原料进行蒸煮，这种方法制成的纸张品质较前一种好得多。经过草木灰蒸煮的纸张同样具备洁白柔韧的特征，同时还具备良好的亲墨性，我国云南、贵州等少数地区仍保留草木灰蒸煮方法制造传统手工皮纸，纸品备受书画家青睐。纯碱蒸煮是替代草木灰蒸煮的最佳选择。纯碱几乎具备草木灰所有的优点，碱性温和，不伤纸，使纸张具备润墨性、亲墨性，且令墨色透黑发亮。另外在采集方面又比草木灰好找，比草木灰干净、稳定，现代传统手工造纸大多以纯碱替代草木灰，比如宣纸的蒸煮过程就完全以纯碱替代了草木灰。另外，纯碱蒸煮也和草木灰蒸煮一样，大多和石灰蒸煮结合，作为石灰蒸煮之后的二次升级蒸煮，是对石灰蒸煮的补充。纯碱的碱性温和不伤纸，但也正是这个原因，纯碱很难彻底清除原料中的木质素，单纯用纯碱蒸煮的纸品很少。烧碱蒸煮时，因烧碱的碱性强，溶解和清除木质素速度快，大大缩短了蒸煮和发酵的时间，所以现代手工造纸工艺大多采用烧碱蒸煮，这也降低了手工造纸的成本。但强碱也破坏纸料纤维素的聚合度，降低纸张的强度。过度用碱以及过度蒸煮，都会降低纸张的品质。

麻料蒸煮通常不用任何碱，直接依靠水蒸气蒸煮一次即可。皮料蒸煮一般采用两次蒸煮，第一次用石灰蒸煮，将石灰加水调成灰浆液，均匀裹住皮料，整齐堆叠放入楻桶蒸 3 天左右，停火后在桶内发酵六七天，在清水中浸泡 3 天，揉洗拣选 3 次后再用草木灰揉裹蒸煮 2 ～ 3 天，再经历 3 次以上洗涤才算完成。竹纸中除生料竹纸不用蒸煮外，熟料竹纸蒸煮分两种，一种是一级蒸煮，只用石灰蒸煮，这种竹纸质量与生料竹纸接近，都呈淡黄色，不易漂白。采用石灰与纯碱两级蒸煮的竹纸质量较高，比如福建连城的竹纸。连城蒸料先用石灰渍浸一遍，再用浓灰浆由上至下灌一遍，摆在料池中发酵 6 ～ 8 天，放入煌甑中蒸煮两天，停焖一天，取出在洗料池中浸泡一夜再清洗。清洗干净之后，用纯碱再蒸煮两天一夜，之后放入清水中清洗一天，直到浸出来的水为清水为止。草木灰蒸煮既可以单独蒸煮纸浆，如东巴纸、藏纸、和田桑皮纸都是用草木灰碱单独蒸煮；也可跟石灰搭配多级蒸煮，先用石灰蒸煮一次，再用草木灰二次蒸煮，乃至三次、四次，直至蒸煮出最佳的皮料。

汪六吉宣纸制作中的皮料浆皮

富阳竹纸的蒸煮篁锅

4. 漂白

不是所有的手工纸都需要漂白这道工序，很多产区的纸都不做漂白，比如传统的富阳元书纸、云南傣族构皮纸、西藏狼毒纸等。在传统造纸工艺中，漂白工艺不是一开始就有，而是发展到较晚时期才逐渐出现。漂白依然是去除木质素的过程。蒸煮洗涤是去除粘连纤维的木质素，而漂白则是去除含有着色剂的木质素。如果木质素不去除干净，不仅会降低纸张强度，使纸张无法呈现白色，还会加快纸张变色，使纸张变灰变黑，这也是我们看到有些纸张越放越黑的原因。

中国传统漂白工艺以日光漂白为主，也称为天然漂白。天然漂白是以自然界中太阳光照射和雨水冲刷交替作用，利用紫外线和臭氧的光解作用，漂白纸浆，去除木质素。阳光中的紫外线能使空气中的氧气转化为臭氧和活性氧原子，而正是两者的强氧化性去除了原料中的着色木质素，使其变白。对原料进行日光漂白之前，要将原料彻底清洗干净，捆绑并搬运至晒滩。自然晾晒的场地非常讲究，需选平坦向阳且坡度较陡的山坡，铺上大小不等的碎石，使原料悬空透气置于晒滩上，以便于雨水迅速排出，还要防止周围动物侵扰。原料摊晒要厚薄均匀，每经过一遍雨水后，要对原料进行翻摊，使原料均匀晒白。传统古法宣纸制造时，天然漂白和蒸煮两道工序会循环进行，皮料和草料会在摊晒一段时间后，再返回碱蒸，再送到山上摊晒，如此往复，直到晒出白度满意的燎皮和燎草。因此，传统古法宣纸的制作工艺往往耗时一年之久。竹纸的传统漂白工艺也是依靠日光漂白。将蒸煮过的竹料清洗搓成竹丝，盘成竹饼，摊在经过平整处理的低矮灌木丛上日晒雨淋。摊放于灌木丛上是为了透气和排水，与皮料摊晒在铺满碎石的山上是一个原理。

汪六吉宣纸制作中的皮料晒滩

手工造纸的漂白工艺发展到近代，出现了化学漂白。化学漂白是指采用漂白剂对原料进行漂白，它比日光漂白快得多。日光漂白需要长达一年时间，化学漂白却只需要几个小时。但化学漂白对纤维伤害较大，而且不能去除原料中的木质素、半纤维素，会出现纸张返色现象。此外，采用化学漂白处理的纸张强度降低，纸内残留的漂白剂会在书写、绘画时吃掉颜料和墨色，比如胭脂遇到含有漂白剂的纸，没多久颜色就会褪掉。

5. 打浆

打浆在传统手工造纸中又叫打料，在整个造纸过程中扮演着非常重要的角色。前面在介绍纸张概念时，强调造纸的过程是纤维要完全分散，重新交结成型，而打浆就是通过各种物理手段，改变纤维的形态，使得纤维的细胞壁破裂变形，使纤维分丝、帚化，促使氢键结合，提高纤维间的结合力。没有经过打浆的纤维一根根分散，相互独立，打浆后的纤维则被分丝成更细的毛绒羟基，蓬松柔软，相互缠绕。打浆的种类非常多，不同的打浆方式，不同的打浆程度，加上不同的原料，同一种原料不同的处理方法，不同的原料混合，使得只有十几种原料的手工造纸能生产出多达6000多种的纸品。

传统手工造纸的打浆方法看似原始，但就是这些原始的舂捣、碓打、碾踩、捶砸，却能打出浓度很高的浆料。浆料浓度越高，纤维之间帚化程度越高，抄出来的纸张纤维结合得越紧，纸张强度也就越高。在打浆浓度上，传统手工造纸的间歇性打浆和现代机器造纸的连续性打浆相比，机器造纸无法企及手工造纸，所以有些传统手工纸的寿命经检测远远超过“纸寿千年”这一说法。

最早的打浆形式是砧杵。砧是垫在下面呈放浆料的石板或木板，杵是一头粗一头细的长条形木棒，砧杵就是用杵的粗头捣砸砧上的浆料。古代造纸最早多由妇女完成，妇女力气不大，多用木棒制成的杵打浆，所以捶打力度不大，需要几千次杵打才能完成打浆过程。砧杵太慢，后来逐渐被捶打替代。捶打又叫拍打，是用木槌或木板等捶打工具，捶打木案或石案。有些石案上还有细小凹槽纹路，以增加捶打的摩擦力，捶打的同时，经常翻转浆料，使浆料两面都被均匀打成泥膏状。和捶打相似的还有石砸。石砸的方法现在在偏远的少数民族地区还有使用，一般是用鹅卵石在石板上砸料来完成打浆过程。比较原始的打浆方法还有脚踩，多见于竹纸原料打浆，福建的长汀、宁化、将乐等地至今依然采用脚踩的形式完成打浆工艺。

碓打与舂捣属于一种形式，只是叫法不同而已，都是借用农业碓打稻谷的形式。这种形式利用杠杆原理，师傅脚踏石碓，借力舂捣石臼中的浆料。碓打的结构并不复杂，主要有下凹的石臼、杠杆和碓头。碓头有木质的，也有石质的。石臼除圆形凹坑之外，还有呈水平状或有花纹的石板，在混料宣纸的打浆设备中，打草料用带圆坑的草臼，打皮料用带花纹的平板皮碓，这都是长期经验积累形成的模式。舂捣碓打一般都用在浆料浓度要求高的造纸工艺中，充分的碓打使纤维之间挤压揉搓，帚化效果好，又不至于切断纤维，最后抄出来的纸柔软有韧性。如今，一些追求高品质的传统手工纸作坊仍然坚持采用传统舂捣打浆工艺。舂捣碓打在过去主要以脚踩为主，有单人踩、双人踩两种形式。发展到后来，出现利用水力作为驱动力的机具，被称为水碓。水碓最早用于农业的舂米，用到打浆中后，打浆的工作效率大大提高。水碓对环境有要求，需要有高位差的河水。发展到今天，碓打的驱动力进一步提升——再借助电力驱动，使传统手工造纸的打浆工艺更加便捷、快速。

奉化棠岙木碓舂捣

泾县宣纸生产作坊（左边为草料舂捣，右边为皮料舂捣）

石碾是以人力或畜力推动碾子在石槽中摩擦，挤压搓揉浆料，来完成打浆工艺。石碾也是一项农业用具，农忙时用来辗轧谷物，农闲时用于造纸打浆。石碾有两种，一种是落地式，底部为环状沟槽，主要在北方使用；另一种是高架式，底面为圆形平板，主要在南方使用，浙江富阳、江西铅山等地至今还有使用。石碾打浆，要边碾边加清水，还要不时翻倒浆料。碾压的时间较长，一般在30小时左右，长短不定，直至浆料呈泥膏状为止。石碾的驱动最早是利用人力或畜力，后来引进了水力，也称为水碾，如今大多以电力驱动为主。传统的打浆还有用刀切的形式。刀切作为打浆的辅助形式，是因长的韧皮纤维在经过打浆后，还需用特制的刀将浆料切短，以方便浆料均匀分散入槽，比如泾县宣纸生产时，青檀皮皮料就有切皮料这个步骤。

泾县宣纸生产中的切皮料

奉化棠岙竹纸，打浆之后还要漂浆

手工造纸发展到今天，出现了用机器代替手工的打浆设备——打浆机。比较常见的是荷兰式打浆机，原理是浆料通过快速运转的飞刀和底刀之间的缝隙，受到挤压、冲击和刮擦刀切等作用力，发生挤压变形，从而分丝帚化。另一种打浆机叫镰刀式打浆机，是利用高速旋转的转轴上的镰刀打浆，一般用于长纤维的皮料打浆。在农村，还有柴油打浆机，它是利用柴油推动飞刀辊转动打浆，动力小，打浆质量和效率都不高。机器打浆虽然速度快，但打出来的纸浆浓度比较低，而且容易切断纤维，所以机器打浆生产出来的手工纸相较传统打浆工艺生产出来的手工纸，品质要差一些。

洗完待调的竹料

6. 调料

调料又叫打槽、搅槽、匀浆，是打浆和抄纸中间的过程。调料是将纸浆放入装有清水的纸槽中，用棍棒将纸浆纤维打散，使纤维均匀悬浮在水中。纤维自由散在水里时，比重比水大，会下沉，同时纤维之间也会重新缠绕聚集，不均匀的浆水会导致无法抄纸。要使纤维在水里分布均匀，使它变成纸浆，需要用一种悬浮剂。悬浮剂在古代造纸最初用的是淀粉浆，发展到后来有了各种各样的纸药。添加纸药是调料步骤中非常关键的部分，虽然只需加一点点，但这道工序免不掉。只有少数竹浆纸因为竹浆纤维短、轻，不易下沉和聚集，在抄纸前稍做搅拌就可均匀抄纸，可以不加纸药。纸药添加到浆料中，最主要的作用是使纤维均匀悬浮，而且是长时间均匀悬浮在抄纸槽中，如果不加纸药，纸浆会快速下沉，且一些长纤维会发生絮聚，使纸槽中的浆料不匀，无法抄出均匀的纸张。纸药在制浆过程中不仅能使纸浆纤维均匀悬浮在水中，防止絮凝沉淀，还能延长纸浆在竹帘上的过滤时间，增加纸张均匀度。添加纸药的另一个作用是在纸饼经过压榨脱水后，因纸药悬浮和避免絮聚的功能，使湿纸之间互不粘连，帮助揭纸。纸药还有一个特性就是在经过加热后能自动分解，比如宣纸在上墙焙干之前会对纸饼进行烘烤或浇淋热水，纸药就会自动分解，还避免了纸药对成纸书写的影响。

纸药是传统手工造纸中对添加到纸浆中的植物汁液的统称。我国造纸地域广泛，南北各个地区使用植物纸药都是就地取材，依季节变化采摘植物，提取汁液。传统植物纸药主要有猕猴桃藤、黄蜀葵、发财树、仙人掌、冬青叶、铁坚杉、木槿树、石花菜等，不同植物使用的部位不同。

猕猴桃藤，又叫杨桃藤，每年 10 月上旬至次年 4 月下旬采集其新鲜茎条切断、锤破，置于冷水中浸泡若干小时，直到能拉出长丝。汁液使用前还要经过过滤，一般当天用当天制，隔天效果就不理想。宣纸多用猕猴桃藤汁液作为纸药，因其黏性适中。黄蜀葵又叫秋葵，产地多在南方，用作纸药的历史比较久远，采集时间一般在秋冬季节。将新鲜的黄蜀葵根块切断，压破，切碎，置于布袋，放入冷水中浸泡 13 小时左右，搅拌过滤得清液，冬季可保存 3 天。黄蜀葵作为纸药，多在冬季使用，夏季温度过高，容易失效，不宜使用。我国西南地区广泛使用仙人掌作为纸药，一般采掌状茎干部位，除皮去刺放入冷水浸泡 2 天，取黏稠汁液过滤成清液。海藻类植物石花菜、杉海苔等制纸药，需加碱水煮开 1 小时后，去残渣，加清水过滤出清液。发财树取其根部茎块，铁坚杉、桃松、三尖杉等取根部韧皮，木槿取树枝外皮，刨花楠取剥去外皮的茎部。每一种植物取的部位不同，浸泡处理的方法也有区别，古人在造纸过程中积累了不少方法。除了传统的植物纸药，还有化学纸药，又叫合成纸药，比如聚丙烯酰胺。因为植物纸药大多受季节影响，不能一年四季都可使用，加之制作较为复杂，且保鲜期短，稳定性差，所以在特殊时候会出现化学纸药替代植物纸药的情况。经过验证，聚丙烯酰胺有较好的悬浮作用，还有增强和助流助滤作用，加上不受季节影响、稳定性强，可以替代植物纸药。

纸浆在纸槽中，除了加纸药，有时还会加入胶料、填料、色料等。胶料在传统手工造纸中指胶矾、淀粉、松香胶等具有抗水性能的添加物。添加完所有原料之后，开始打槽。打槽一般由两名工人同时在槽的两边用竹竿或木棒用力搅拌，将成块的料打散。打槽的时间视纸品种类而各不相同，抄厚纸，打槽的时间稍短，大概在 1 个小时左右，抄薄纸的浆料，打槽时间要 2 小时以上，因为纸薄，荡浆浅，浆水既要稀又要匀。打槽是项费力气的活，传统手工造纸大多采用人工打槽，发展到后来，因为产量需求，出现了爬行搅拌器、疏解机、匀浆机等利用水力、电力的自动搅拌设备，这样浆料先在搅拌池加水通过自动搅拌设备搅拌均匀浆料，再加水稀释后分别输送到抄纸池。

奉化棠岙竹纸，打槽

7. 抄纸

调料之后，就进入抄纸过程，这是纸张最终成型的阶段。抄纸是借用浇纸和捞纸两种手段，将纸浆均匀分散在纸膜或竹帘上，使纸浆变成一张纤维薄片。从纸张成型技术演变来看，浇纸工艺简单，捞纸工艺复杂。虽然现代传统手工造纸中浇纸与捞纸并存，但浇纸应该是我国最古老的一种纸张成型法。浇纸法最早可追溯到汉代，即造纸发明的最初阶段。浇纸法分干式浇纸和湿式浇纸两种。干式浇纸一般是将经过打浆搅匀的浆料浇到纸膜上，再用羽毛等工具将浆料刮平，浆液中的水从帘网渗漏出去，纸膜上便形成一张薄薄的湿纸，将纸膜倾斜竖放到太阳下晒干，揭下完成造纸。湿式浇纸是指将纸膜浸没在水中，再倒上纸浆，用棍棒搅匀纸膜里的纸浆，提起纸膜离开水面，使水分完全渗透，再将湿纸晒干，揭下，完成造纸。采用浇纸法成型的纸张由于没有荡帘打浪的过程，纸张纤维不像抄纸法那般定向排列，多呈随机分布，没有明显的方向性。由于使用纱网或布网成型，纸面也没有抄纸法那样明显的帘纹，只有比较浅细的纱网格纹。浇纸法大多为一帘一纸，不存在揭分的问题，所以也无需添加纸药。纸张成型之后更没有堆叠压榨的工序，采用自然晾晒的方式慢速干燥，成纸一般比较松软。

浇纸法流传至今，还有一些地区仍在使用，比如少数民族地区的和田桑皮纸和藏纸。和田桑皮纸采用湿式浇纸法。藏纸的湿式浇纸法是在浇浆前，采用手搓飞轮的形式将纸浆搅拌均匀，再把纸浆浇在漂浮于水面的纸膜内，最后使纸膜内纸浆均匀，再端离水面，形成湿纸。另一种东巴纸，不仅具备浇纸的特征，还有捞纸的特征。东巴纸抄纸的第一个步骤和浇纸法一样，先将纸浆打匀，倒入纸膜，分散均匀后滤水，形成湿纸页。后面的步骤就有捞纸的特征，东巴纸纸膜的帘和框是可以分开的，纸膜打开后，纸帘从木框中取下，将湿纸从纸帘上取下移至木板上晒干，纸帘放回木框中继续浇纸。东巴纸虽然采用浇纸法造纸，但又具备捞纸法一帘多纸的特征，是浇纸法向捞纸法的过渡阶段。而另一种傣纸和东巴纸正好相反，采用捞纸形式，从纸浆槽中捞纸成型，却是一模一纸，纸膜是固定的，帘和框不能分离，湿纸不能从纸膜上分离出来，所以傣纸造纸算不上是捞纸法，只是捞纸法的过渡形式。

浇纸法因为是一模一纸，湿纸必须晒干才可取下，所以造纸速度慢，又必须有大量纸膜和晒纸场地，所以效率低下。为适应市场用纸需求，捞纸法逐渐出现，据考证应该在魏晋时期就已出现，最早可能起源于蔡伦造纸时期。

捞纸法又叫抄纸法，科学点的称呼是荡帘抄纸法。抄纸法最大的进步就是采用了活动式的纸帘，由帘架、帘尺和帘子三部分组成。抄纸时，纸浆通过纸帘滤去水分，留下纤维，使纸张成型。纸帘在纸张成型上至关重要，成纸的许多特征都受到纸帘的帘式影响。比如纸张大小、帘纹，都与纸帘有关。纸帘的制作工艺、材质、质量，也都会影响纸品的质量。活动式的纸帘可能起源于蔡伦时期，早期的帘纹大多不是很直，这可能是受当时材料的影响，唐以前纸帘用草秆编制。活动式纸帘的优势在于，抄纸时将帘子置于帘架之上，以帘尺固定，斜插入水，荡帘抄出湿纸后，移开帘尺，将帘子取下，覆湿纸于木板上，然后提起帘子，完成抄纸。最后将帘子放回帘架，用帘尺固定，进行下一次抄纸作业，循环往复，一帘可抄无数张纸。

纸浆在纸槽中经过多次抄纸，浓度会有差别，为避免纸浆不匀，抄纸工们抄纸前会有一个拍浪的动作，又叫摆浪。所谓摆浪，是指抄纸工在举帘抄纸之前，先举纸帘在纸槽浆液中摆动几次，使纸浆上下翻滚起浪，然后举帘迎浪而上，让纸浆按一定方向从纸帘上流过，并让纤维在纸帘上交织成均匀的湿纸，这就是摆浪荡帘抄纸。荡帘抄纸的操作非常关键，技术性强，没有三年五载，学不下来。荡帘时不仅要精准控制水浪在纸帘上的流动和滤水速度，保证形成均匀完整的湿纸页，还要在千百次的重复中准确把握每一张纸的厚薄。荡帘抄纸遵循“清荡则薄，重荡则厚”的原则。在抄薄纸时，纸帘入槽要浅捞轻摆，帘面上浆料少；相反，抄厚纸时，纸帘入槽要深捞重摆，帘面上纸浆多，这样就能抄出厚纸。所以捞纸这门技术要经过长时间的经验积累才能熟练掌握。

和浇纸法一样，抄纸法也有很多种样式，不同的产区、纸幅、原料、纸品，抄纸的方式都不尽相同。抄纸根据纸幅大小，分单人抄纸、两人抄纸、多人抄纸等。单人抄纸又分端帘抄纸和吊帘抄纸。端帘抄纸主要用在抄制小幅纸张，一人两手端帘斜插入槽，使浆料按一定方向从帘面流过，让纤维均匀交织铺在帘面上，沥去多余水分，提起帘子，将湿纸覆贴在木板上，使帘子与湿纸分离，这一步骤也叫伏帘。单人吊帘用于尺寸较大的纸张抄制，是用竹片或橡皮筋等富有弹性的材料将帘架悬挂起来，利用弹性的吊杆加持来帮助抄纸工抬帘，从而一人完成原来需要两人操作的抄纸，提高工作效率；同时，对帘架结构进行改良，在帘架上增加手柄，减少抄纸工手入水的频率。吊帘的式样不下十几种，各产区都结合本地经验，发明出不同的吊帘抄纸工具，可简单归纳成三种：固定式吊帘，如四川夹江式吊帘；摆动式吊帘，如福建连城式吊帘；转动式吊帘，如浙江孝丰式吊帘。两人抄纸方式主要用作抄六尺以上的纸品，也分成两种，一种是对立抬帘，另一种是并立抬帘。对立抬帘是两人分别站在纸槽两侧，共同抬帘抄纸，其中技术较高的做掌帘，控制整个抄纸节奏，另一人为帮帘，默契配合掌帘。并立抬帘，抄纸的两人都在纸槽的同一侧，两人抄纸技术相当，不分伯仲，讲究配合默契。并立抬帘抄造的纸幅一般宽度较窄，但长度都比较大，需要两人抬帘完成。除单人抄纸、双人抄纸，还有多人抄纸的方式，据说丈二是 6 人，丈六是 14 人，丈八是 16 人，安徽泾县的三丈三要 20 人，也有说要 44 人。

泾县宣纸制作中的双人荡帘抄纸

抄纸依据摆浪的方法和次数，还分一出水法、二出水法、三出水法、四出水法。一般抄纸法中二出水法最为常见，其次是四出水法。一出水法，有的地方也叫一入水法，指帘架只入纸槽一次汲取浆料，浆料在帘面上只顺一个方向流过一次，纸帘入水和出水的速度比较缓慢，且没有来回荡帘的动作。一出水法抄出来的纸张，如富阳的元书纸。二出水法有两次摆浪动作，帘架有两次插入纸槽的过程，第一次入槽，湿纸基本成型，第二次从纸帘另一侧入槽，使纸张纸纤维从两个方向交结，结合紧密，并使纸浆迅速流出，带走帘面上较粗的纸筋，使纸张表面细腻光滑，厚薄均匀。二出水法多用于生产精细的薄纸和文化用纸。三出水法的抄纸方法也有，如安徽潜山和浙江龙游都是三次出水，目的也是为了让纸张纤维分布均匀，纸张厚薄一致。四出水法是指摆浪四次，帘床从不同方向出入水四次，多在抄厚纸时采用。

富阳竹纸抄纸，单人吊帘一出水法

棠岙竹纸抄纸，单人吊帘二出水法

手工造纸中随着抄纸设备的更新，出现了一种新型的抄纸方法——喷浆法。前面在讲手工纸与传统手工纸的区别时曾介绍过这种方法，因为荡浆形式的改变，由喷浆法抄出来的纸严格意义上说，不属于传统手工纸。喷浆法是将纸帘顶开浆槽下方的流浆口，纸浆从流浆口喷出流到竹帘上形成湿纸的过程。喷浆法在抄纸的过程中没有入水荡帘的操作过程，也没有入水方向、摆浪几次的工艺，操作技艺上虽然简单了，但纸品却有所降低，纸张强度、紧密度等都不如传统抄纸方法抄出来的纸品，只适用于普通书画纸的生产。

泾县 喷浆法

抄纸过程中，纸帘对抄纸的影响也非常大，帘子的粗细、疏密、曲直会影响成纸的纹理、平整、厚薄、紧致、细匀等质量问题。好的纸帘才能抄出好纸，过去精致的纸帘竹丝能达到每厘米 16 丝。纸帘的纹路包括横向的竹丝纹和纵向的线纹，现在人们常说的帘纹是指纵向的线纹。竹帘的线纹在早期间距比较大，发展到宋代长 3 厘米左右，所以宋版书书页纸张有二指帘纹的特征，到明清时期，线纹缩小至 2 ～ 3 厘米之间。而今天的手工纸纸帘的线纹都在 2 厘米以内。而竹帘丝纹的粗细却随着时代的递进逐渐变细，最早是每厘米 4 ～ 6 根丝，到宋代能达到每厘米 6 ～ 10 根丝，明清能达到每厘米 10 ～ 16 根丝。到了现代反而退步了，最细也不过 14 根丝，用来抄制最薄的扎花纸，一般都是采用每厘米 12 根丝的竹帘。

帘纹的编织形式也有花样，通常分单丝路和双丝路，比较特别的还有龟纹和罗纹。单丝路是指用单根丝编织的竹帘，一般用来抄四尺单选；双丝路指用两根丝编织的竹帘，一般用来抄造比较厚的纸，比如夹宣。龟纹是指竹帘编织的图形像龟背的外形，用来抄制龟纹宣。罗纹是指仿制绫罗绸缎中的罗锦，早期的罗纹是没有竖纹的，丝线是穿过打孔的竹丝编织的，所以过去的罗纹纸看不见竖纹，只有非常明显的横纹。现在的罗纹是指用单根丝每根间隔 3 毫米编织的竹帘，帘纹细密，用来抄制罗纹纸。

在普通的编织帘纹之外，还有一些特殊的编织图案或文字的纸帘，这样抄出来的纸会有相应的暗纹，可以算是最早的水印吧。有些纸坊会这样做，比如白鹿宣，还有些名人画家会特别定制有自己专有水印的纸帘，用于抄制独属自家的纸品。

8. 榨纸

抄成的湿纸覆帘成叠，当覆帘的湿纸摞到一定数量时，一般在 1600 张左右，就搬入压榨机内进行榨纸的工序，湿纸经过压榨之后，纸张会更加紧致平滑，最主要是通过压榨去除多余的水分。一般通过压榨，使湿纸贴的高度降低三分之一左右。压榨不仅能增加纸张的紧度，还方便后道工序中的分纸，使纸张不容易揭破，且还可节约焙纸所用的燃料。

传统榨纸都是简单采用上压式，即不断往纸贴上加压石头，让水分缓慢流出，一般四个小时增加一次石块。还有采用杠杆原理的木榨式，通过杠杆原理将压力施加在纸贴上，压出纸中的水分。如今，许多手工作坊又增加了千斤顶的方法，这样更省力。榨纸的过程不能一味求快、用力过猛，因为湿纸含水量足的时候，纸张强度特别低，所以开始不能用力过猛，要先轻后重，缓缓压榨，使水分缓慢流出，刚抄成的湿纸贴含水量在 90% 左右，压到含水 70% 为宜。榨纸的干湿程度一定要掌握好，水分过多，纸张强度不够，不便于分纸；水分过少，在烘纸时纸张不易附着上墙且容易发生脱落。

安徽泾县 榨纸

榨纸之后，还有烘贴的过程，大部分手工纸没有这个过程，只有少数皮纸和宣纸是需要烘贴的。烘帖有两个步骤，先是将压榨过的纸贴放到高温下加温受热，达到一定干度之后，再淋上热水，使纸贴回到便于牵晒的干湿度。通过烘和淋，使纸贴中的纸药分解，从而改善纸张的绘画与书写性能，使纸张柔软，提升文化用纸的品质。还有许多手工造纸作坊，并没有明显的烘贴步骤，但是，他们在牵晒纸张时，会把纸贴搬到烘墙边，有意地烘烤，也起到烘贴的作用，其他手工作坊，虽然没有烘贴的步骤，但纸张在上墙烘干的时候，纸药也能分解掉大部分。

9. 牵晒

牵晒包括牵纸和晒纸两个步骤。牵纸又叫分纸、揭纸，是将压榨或烘焙过的湿纸贴一张一张揭开的过程。经过压榨的湿纸贴能够被解开，有纸药的分离作用，还因为纸张在抄造的那一瞬间即完成了氢键结合，之后湿纸之间相互覆压，纤维之间不再产生交织，所以湿纸贴在干湿度合宜，纸张具备一定强度的前提下，分纸是具备可操作性的。分纸的方法因为产区和纸品的不同，操作上也会有些许的不同：皮料纸因为纤维长，纸张强度大，分纸较竹纸不那么容易揭破；竹纸纤维短，湿纸时强度更弱，所以竹纸在分纸时，会顺着荡帘时纤维排列的方向揭纸；宣纸在分纸时，有自己独特的方法，在分纸前会打松湿纸贴，这个步骤也叫鞭贴。分纸一般先要用工具划松纸贴周围，使纸边变得疏松，再顺着抄纸时最后一浪抄出的这个角开揭，先轻轻揉松折弯要揭的角，有的地方，揭纸师傅会往揉松翘起的角上吹空气进去，使湿纸之间分离出缝隙，再用竹启或小镊子轻轻挑拨，将纸的一角牵开，连续牵开几张，合成一叠，方便后面连续烘纸。分纸是一项细致活，不仅要有耐心，还要有丰富的经验，像豆腐衣一样柔软易碎的湿纸要一张张完整揭开，又不能拉破变形，手头上的力度和功夫非常讲究。

奉化棠岙竹纸 牵纸

焙纸也叫晒纸、烘纸。纸张干燥分晒干、阴干、烘干三种。其中晒干是最早采用的方法，北方一些地区至今还在使用。晒纸有直接铺在地上晒，也有湿贴到户外向阳的墙上晒干。借用太阳能晒干的纸张一般纸张质地都较为粗糙，多用作生活用纸。

阴干指放在室内或能挡雨的空间自然通风晾干。阴干的纸没有经过高温烘晒，纸性有时比烘焙的纸张还好。阴干又叫冷焙，所用的冷墙一般建在室内通风良好的地方，一道一道，每道相隔一米，形成通风小巷，便于牵晒通风。冷焙的操作方法与烘焙相似，将湿纸揭下，用毛刷从上往下刷到冷墙上，湿纸在冷墙上通风晾干的时间较烘焙长得多，一般夏季 1 ～ 2 天，春秋 2 ～ 3 天，冬季或雨天则要 3 ～ 5 天。冷焙的纸张质量好于户外晒干的纸，可用作文化用纸，但绘画书写以及装裱等高级文化用纸一般不用冷焙干燥的纸张。

泾县宣纸 烘纸

烘焙又叫热焙，是传统手工造纸中常用的干燥纸张的方法。烘纸师傅用松毛刷将湿纸页自上而下刷于烘壁上，使湿纸与墙面紧密粘实。刷纸上墙必须一气呵成，纸张必须在湿的状态下迅速与墙壁紧密无缝贴合，否则纸张出现皱褶、破裂、收缩或与墙壁脱开，都会影响成纸的质量。烘纸的墙壁被称为火墙，又叫烘墙、烘壁、焙笼等，火墙在制作工艺上有许多不同，各产区制作传统火墙的方法也都有自家秘方，目前这项手艺也濒临失传。至今为止仍然采用传统烘墙的手工造纸作坊已不多见，大多由钢焙墙替代。钢焙墙中间是流动的热水，通过热水加热钢墙。钢焙优于土焙的地方在于升温快，省能源，导热性也好，湿纸干得快。另外，其温度稳定，容易控制，墙壁干净，且钢焙的高温集中在焙墙上，室内温度不会很高，而传统火墙烘纸时，整个烘纸空间温度都很高，尤其夏季，晒纸师傅异常艰苦。钢焙虽然有很多优点，但问题也不少，比如高温下快速干燥会使纸张火气重，容易产生燥、脆的质感，而土墙的低温干燥使湿纸纤维缓慢舒展，并有重新调整纤维结构的可能，这种环境下烘焙出的纸更有柔韧性且少了焦脆感，多了温润舒软的书写体验。

泾县宣纸 拣选

10. 整理

经过烘焙之后，整个生纸的制作过程就算完成，之后就进入拣选、记数、理齐、裁剪、打包、盖印、装盒等整理工作。拣选和记数是同步进行的，拣选师傅在选纸台上对着光一张张检查，同时也按一定数量做记号记数，分批拣选，把不合格的纸挑选出来。纸张在拣选之前会有各种各样的瑕疵与纸病。常见的有纸面上出现颗粒、斑点、焙泥、焙油、焙仁、乌根、赤根、沙丁、黄节、灰尘、黄鳝路、水泡点、虫壳、鼠迹、窗筋、粗筋、粗料等不洁净、不平整的瑕疵；还有纸张出现太薄或太厚不符和规格的情况；纸张出现额破、尾破、榨破、钳破、收破、帘洞、滴水洞等各种原因产生的破损；纸张出现出花、出泡、螃蟹脚、收缩、刷毛、晒皱、浓缩、疏松、晒潮、晒壳等各种原因造成的纸面变形与纤维分布不匀的现象；另外在拣选过程中还会发现半张纸、层焙纸、湿纸角等残次纸张。这些残破与不合格的纸都会被抽检出来，当作废纸回收到打浆槽再利用。

经过拣选，合格的纸张按一定数量理齐，码紧，进入剪纸的步骤。纸张从纸帘中抄出，到送去牵晒，四周都有毛边，许多纸品都需要裁剪整齐，比如宣纸。大部分文化用纸都有剪纸这个步骤，一些低端生活用纸不用裁剪，只要将纸理齐，用刨刀将毛边刮去，再用磨石磨光。另有一类少量订制的修复用纸以及高端精品传统手工纸，既无需裁剪，也不用磨边，保留原生态的毛边状即可。传统手工纸剪纸的方法还是采用传统的大剪刀或大弯刀，以推拉法将纸裁齐。著名的“天下第一剪”，就是指安徽泾县裁剪宣纸的大剪刀，这种剪刀和弯刀都是采用优质扁铁加工而成，刀刃非常锋利，剪纸师傅有专门的磨刀和养刀经验。现在的宣纸计量也是以刀为单位，大概是以一剪刀剪下的一沓纸作为一刀来计量。以前的一刀到底指多少，每家作坊都有自己的数量，自从安徽泾县国营宣纸厂以 100 为一刀的计量单位出来以后，此后大多传统手工纸都以 100 为一刀来计算纸张。不过仍有少数作坊还保留原来的习惯，比如夹宣纸因为纸张比较厚，100 张一刀太重，通常会以 50 张为一刀。另外，像四川夹江竹纸还保留 70 张一刀的计量方法，广东仁化玉扣纸还保留 200 张一刀的规格。所以，买纸的时候还要确定一下，一刀有多少张。

泾县宣纸 剪纸

纸张经过拣选、理齐、裁剪之后，就进入最后的打包、盖印、包装阶段。在一刀一刀打包好的纸品上盖印又叫纸戳，如宣纸切口上的刀口印。盖在纸品上的纸戳是纸张身份的说明，虽然盖印很小，字数不多，但把纸张的品种、数量、年份、产地、质量、规格等信息都交代得非常清楚。此外，懂行的纸品收藏人士或造纸、用纸的专业人士还能通过纸戳辨别纸品除年份、产地等之外纸戳上没有的信息。因为不同年代刀口印的标识、字形、格式等都有不同时代特征的烙印。纸戳不仅盖在刀口上，纸张外包装上也会有。纸张内纸心处、纸张背面、纸张周边、纸张四角都有盖印的纸戳，常见是钤于整刀纸的第一张上，或者钤在最后一张上。纸戳的样式也非常多，而且不同年代纸戳的形制、内容等也各不相同。对于纸戳的研究，能帮助我们了解传统手工纸的历史。至于盖印之后的包装，我国传统手工纸在包装上还比较简单，平装大多采用牛皮纸外包装，精装有纸函作为外包装。包装纸上印有自己厂家的商标和品牌，如红星宣纸、汪六吉宣纸、铅山连四纸等，这些都是较大的手工纸厂。传统的小作坊基本没有外包装，仅用较厚的纸张包裹，捆扎起来即可，对纸张的型号、尺寸也都没有说明。

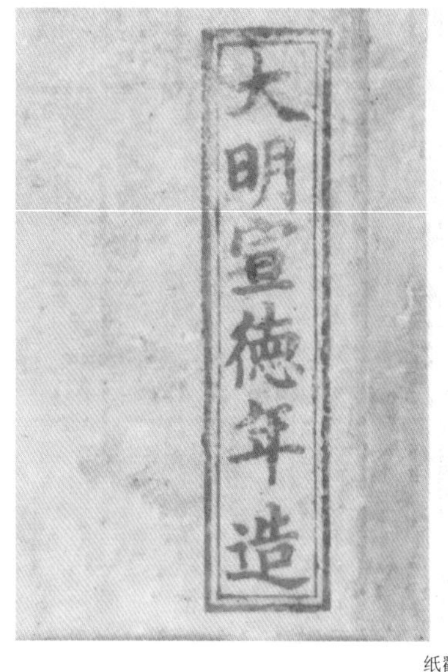

纸戳

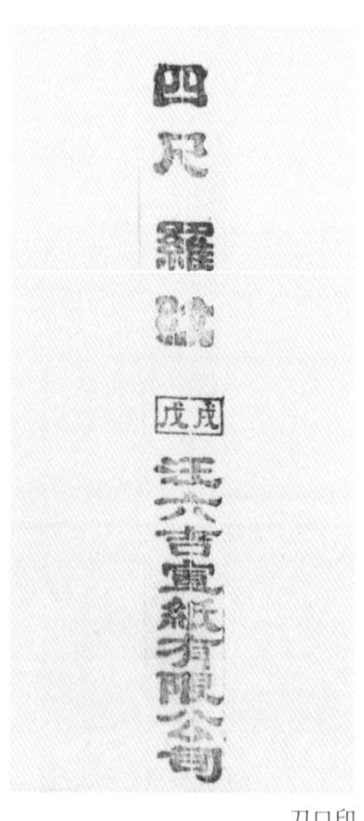

刀口印

第四节　传统手工纸的熟纸加工工艺

传统手工纸分生纸和熟纸，熟纸又叫加工纸，是指将依照传统手工造纸方法生产出来的生纸经涂布、染色、施胶、加蜡、研光等二次加工手段，改变纸张厚薄、色泽、质感、性能等特性，使其在外形、质地、色彩、花样等方面具备全新的功能。简而言之，第一次加工是从植物纤维纸浆抄成一张纸，第二次加工是纸张的精加工，精加工过的纸称为熟纸，没加工过的叫生纸。同种生纸采用不同的加工方法可以加工出各种功能的熟纸，满足不同的书写需求。生纸有生纸的特点，熟纸有熟纸的特点。在今天，大多现代人对熟纸的理解，认为就是涂过明矾的纸。

我国传统加工纸历史悠久，从唐代开始已有专门的熟纸匠，专门做二次加工的熟纸，宋、元、明、清时期，熟纸的加工工艺达到顶峰，加工手段琳琅满目，制造出多种著名的熟纸，如薛涛笺、金粟笺等。进入 21 世纪，熟纸加工方法虽然还有，但已今非昔比，很多加工方法都已经失传。有些流传下来的老纸变得非常珍贵，尤其是明清时期留下来的一些高品质加工纸，已经作为高级收藏品进入拍卖市场。民国时期留下来的生纸，哪怕是当初没经过填粉、上浆等加工的生纸，到现在也很好用。这是因为当时的纸浆打得细，纸张做得精密，还有一个原因就是纸张经过四季冷暖的变化，纸张纤维已经非常柔软滋润了，这是一个自然的熟化过程。经过三十年、五十年的老纸，质地像绸缎一样，纸张抖起来没声音，就是好纸，这种老的生纸，是被时间二次加工过的，非常好用。

我们现在在市场上还能看到一些熟纸，如矾宣、云母宣、虎皮宣、粉笺、蜡笺、磁青纸、水纹纸、洒金纸等，这些加工纸的质量和加工工艺远不如以往，大多为求经济效益，采用廉价书画纸、廉价化工添加剂，手段上也是机器手段生产，所以我们能买到看上去非常漂亮，但质量和工艺都不如从前的熟纸和装饰纸。加工纸的落寞有很多原因，最主要的还是使用群体少了，大多被生纸替代。但在历史上加工纸曾是文化用纸的主体，尤其在魏晋隋唐时期，那时的手工纸不经过二次加工是不能使用的，甚至有说法，“熟纸活人用，生纸死人用”，可见纸张的二次加工有多重要。

自手工造纸术发明开始，纸张的二次加工就如影相随。因为造纸之初，造纸技术比较原始简单，抄造出来的纸张粗厚不匀，纸质疏松，只有经过涂布和砑光才能使纸张表面光滑、紧密，便于吸墨书写。因此从魏晋南北朝开始，纸张就有了表面涂布和研光技术，染色技术更是在东汉时期就已经出现，至魏晋得到进一步发展，魏晋时期著名的“黄纸”就是指经过涂布与染色工艺的加工纸。至隋唐时期，生纸表面仍然粗松，须经过涂布砑光才能书写，敦煌藏经洞中隋唐时期的写经大部分是采用黄檗染色后涂蜡制成的“硬黄纸”书写而成。进入唐代，纸张加工方法更多，出现涂蜡、捶煮、施胶、填粉、洒金、冷金、泥金、销金、流沙等多种手段。各类加工纸名目繁多，如硬黄纸、粉蜡笺、流沙笺、金花笺、云蓝笺等，还有著名的薛涛笺，以及发展到五代十国时期，南唐久负盛名的澄心堂纸。

宋代是造纸技术的分水岭，生纸抄造技术不断提高，促成生纸可以直接用于书写。生纸品质的提升，也促进了雕版印刷技术的发展，作为书写绘画与印刷的文化用纸逐渐向生纸或轻加工的熟纸方向发展，比如仿澄心堂纸因为精良的生纸制作工艺，在经过施胶捶砑后还能清晰看到纸面细腻紧致的纤维。宋元时期虽然生纸制作工艺已经非常成熟，但不影响熟纸加工工艺的进一步发展。宋元在隋唐五代纸张加工技术基础上继续发展，生产出仿澄心堂纸、砑花纸、水纹纸、仿薛涛笺、黄经笺、白经笺、碧云笺、龙凤笺、团花笺、云母笺、磁青纸、羊脑笺等，以及著名的金粟山藏经纸、谢公笺、明仁殿纸、端本堂纸。宋元时期在加工纸的加工工艺上是一个集大成的阶段，高端加工纸在此时期均已出现，发展到明清时期，手工纸加工工艺进入全盛阶段。

明清时期对之前出现过的许多著名纸品都有仿制，如仿澄心堂、仿金粟山笺、仿明仁殿、仿薛涛笺等，明代也有自己非常著名的高端笺纸，如宣德笺。清代的高端加工纸也是数不胜数，现在我们还能在各大博物馆看到宫廷制作的各种泥金彩绘蜡笺、洒金五色粉笺、砑花彩色粉笺、雕版印花彩色粉纸等。清末民国以后，随着社会经济的衰退以及机制纸对文化用纸市场的占领，手工纸产量迅速减少，手工纸作坊、熟纸加工作坊渐渐消失，一些加工纸的加工技艺失传，导致大量加工纸纸品消失。

从加工纸的发展历程可以了解，最初加工纸张是为了让疏松粗糙的生纸变得紧致平滑，利于吸墨书写，后来发展到生纸完全不加工也能书写印刷的时候，加工纸的目的逐渐改变，朝着高品质、艺术性及多样化的方向发展。对绘画及书写性能的多元追求，也是加工纸进化的动力。满足加工纸的高品质、艺术性、多样化，首先是纸面要紧致平滑，这是书写的基本要求；其次是纸张的拒水吸墨性能，对纸张生熟多层次的需求，造就了多种纸品的诞生。传统手工纸中不同原料抄造的纸，吸墨拒水性能也不同，比如同样是生纸，皮纸、麻纸拒水性好，竹纸、宣纸拒水性差。生熟程度不同，拒水程度也随之变化，可以通过捶打、研光、涂布、填粉、施胶、涂蜡等不同程度的加工来控制纸张的吸水性，以满足书写的需求。加工纸发展到后来，最多的还是艺术性的追求，通过染色、洒金、描金、贴粉、彩绘、印刷等类似艺术创作的加工美化，生成各种精美的纸品。所有这些加工方法大致可以归纳到以下几种类别中，通过它们之间不同程度的相互结合，生成数以千计的加工纸品。

1. 染色、染花纹

传统手工纸的二次加工工艺最早应该从染色开始。汉代刘熙《释名》中，染潢一词的“潢”字即指染纸，可见染纸技术从那时就已出现。最初的染潢是用黄檗，黄檗味苦，属中药，因此可避虫蛀。染潢还有装饰意义，中国自古崇尚黄色，所以古人用纸必先染潢再用。染潢的程度以不白即可。经过染色的纸虫蛀较少，像藏经洞的写经卷被虫蛀的就不太多，不过这也和地域自然环境有关，南方福建等地的经卷虫蛀还是比较厉害。另外日本的经卷虫蛀也比较多，因为日本黄经卷是用颜料而不是黄檗染色。

染色主要有浸染法、拖染法、刷染法等。浸染法又称浸泡法，指将纸张完全浸入染色槽中，使染色槽中的颜色完全浸透到纸张中，再将染色纸提起挂到晾杆上晾干。浸染法所染的纸张一般纸幅都不大。拖染法一般用于纸幅较大的纸张染色，是将纸张拖拉入染槽，让其在染液中匆匆走过，染色后即刻拖出，做到浸而不泡、拖而不破。拖染法在过去使用较多，操作过程中要注意把握时间，拖纸的力度也要掌握好。染色的第三种方法是刷染法，现在修复用纸、装裱镶料用纸多用此法。刷染法以染刷蘸染汁均匀涂刷在纸张上，比较讲究涂刷的技术，追求“务令色遍，勿有白点”，最好一遍染全。刷染纸张时，染一张纸是提不起来的，必须染两张以上。染好的纸张提起晾干时，如果纸张太长，容易拉破，可以在染纸中间加挑一根杆，把重量分散在两根杆上，这样不致于拉破染纸。有些纸张经过第一次染色后，会有下一个加工工艺，比如洒金、描金、涂蜡等。

染纸需要很多染料，用于传统手工纸染色的染料分植物染料和矿物染料两种。一般常见植物染料较多，如红色染料有红花、茜草、苏木；黄色染料有黄檗、槐花、姜黄、藤黄、栀子；蓝色染料有蓼蓝、马蓝、木蓝、靛蓝、菘蓝等。有了红、黄、蓝三种颜色，再按不同比例配比、不同方式配制便可获得各种间色。矿物染料中，红色有朱砂、土红、雄黄、铅丹等，黄色有赭石、雌黄等。矿物染料在染色过程中要慎重使用，因为有些带毒性，比如雄黄、铅丹等。明清时期流行于广东地区的万年红纸，又叫防蠹纸，就是采用刷染法在纸张上刷染了含有铅丹的橘红色染料。矿物性颜料常跟涂布工艺配合使用。中国传统国画中常用的花青（从蓼蓝中提炼）、藤黄、赭石，因为在染色过程中的稳定性而常被用来染纸，而国画中的其他颜色如胭脂、蜀红却不太用，因为蜀红颜色发暗，胭脂颜色不稳定，容易褪色。

最初作为植物染料的黄檗到明代以后就较少使用了，因为明代楮皮纸生产较多，且不易被虫蛀，而栀子和姜黄的颜色比黄檗更鲜艳，因此明清时期黄色染料逐渐被栀子和姜黄等植物染料替代。中国传统染色技术中，除了染潢非常讲究之外，还有对染蓝的追求。像大明宣德年间著名的磁青纸，为了追求极致的蓝色和理想的色泽，人们有时会用靛蓝反复染二三十遍。在磁青纸基础上进一步加工的羊脑笺，是以新鲜羊脑调和顶烟，涂刷在磁青纸上，然后经过研光，形成“黑如漆，明如镜”的特征。

另外，随着染色技术进步，人们在运用植物染料染色时多会加入媒染剂。媒染剂有很多，矾是其中一种，分青矾、白矾、明矾，明矾比较好用。植物染料不易上色，比如用苏木染红色时，加入明矾形成色淀，可以帮助固色。另外用红花染红色时，必须往染液中加入碱水或草木灰水，因为红花中的红花素不溶于水而只溶于碱性液体。红花要先用碱水浸泡，将红色素溶解，再加乌梅汤使红色素沉淀，去除黄色，才可得到纯正的红色。植物染料染出来的颜色会有变化，比如苏木染色时不加明矾，染出来的是黄色；靛蓝染色如果发酵不好，会变成黑色。所以用植物染料染纸有很深的学问。古人在染色时可能说不出这些道理，但在实践中却已总结出许多有益的方法。

植物染料和化学染料有很大的区别。两相比较，植物染料有很好的透明度，且渗透性好，方便染色时前期打底，而后在此基础上用其他粉色染料再次染色，形成丰富的多层效果。这就类似宋画在纸张背面铺垫白粉，使正面涂过石青、石绿的部分被背面白粉衬托得更青、更绿、更空灵。

传统染纸方法中，除了单色染纸，还有染出花纹的花色染纸，比如著名的流沙纸、虎皮宣、槟榔宣等。这些花色染纸是通过特殊的方法，如撞色、晕染、散花等手段，染出各种花色的纸品。流沙纸又称墨流纸，依据宋代《文房四谱》的记载，推断是将已经失去黏性的面糊与不同的染料搅在一起，形成一种天然图形平浮于染槽里的染色液体表面，用手工纸从染色液的表面拖过，使天然图形印染到纸张上。另一种制作墨流纸的方法是将皂荚子和巴豆油倒在盛有清水的水槽中，因油浮于水面，用毛笔蘸墨或颜色在水面的油层上画图，再将手工纸轻覆于水面的图画上使纸张受染形成彩色的墨流纸。墨流纸是利用水油分离、墨色聚合，以及水流运动等形成各种意料之外的图形，在染色时，有用单色染制，也有双色或三色染制，形成丰富的色彩变化。

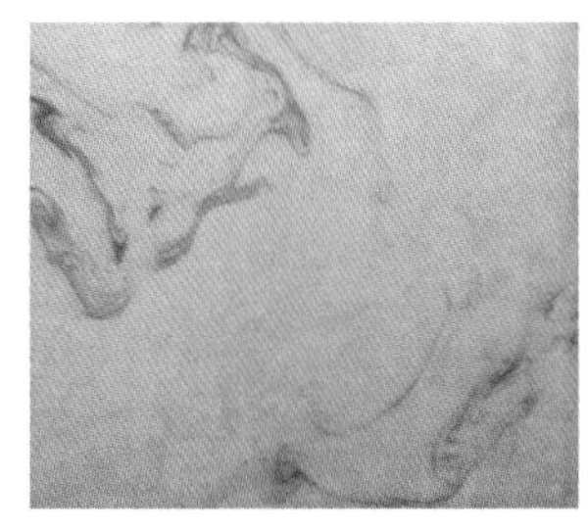
两色墨流纸

单色墨流纸

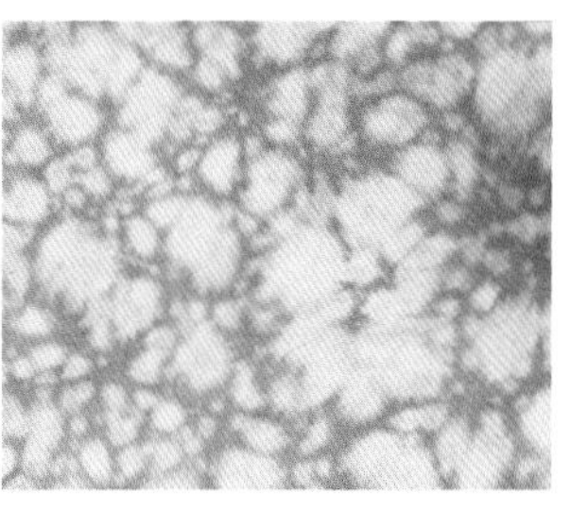
虎皮宣

虎皮宣的制作方法是在的染色基础上洒溅稀糯米浆，使纸张产生花斑而形成加工纸。据说是清代一个手工纸加工作坊的师傅不小心将石灰浆洒落在刚染过黄色的宣纸上，待纸干后白点石灰浆晕散形成白色斑纹，像极了老虎皮而得名。运用相似的染纸工艺的还有斑点像槟榔外形的槟榔宣。虎皮宣的加工方法至今还有流传，一般是先将生宣拖染晾至半干，然后放在散花板上，甩上糯米浆（北方常用矾水）形成斑点，随即用火烤干，最后拖胶、阴干、打蜡、磨光、切边。虎皮宣上的斑点随时代、地域都有变化。北方因为用矾水甩洒，形成的斑点清晰明快；南方常用糯米浆，斑点洇润含蓄。

2. 涂布

涂布在传统手工造纸中也称为填粉。涂布工艺历史久远，至少在魏晋时期已有成熟的涂布纸加工技术。早期造出的生纸比较粗糙，涂布是为了填充疏松的纸张。涂料涂在纸张表面，既填平了纸张表面，使原本粗松的纸面变得细腻平滑，又能使纸张毛孔形成一层膜，阻挡水分快速渗透到纸张纤维里，延长了书写或绘画创作的时间。涂布填粉的工艺，在采用刷浆技术将矿物粉末涂于纸张表面之后，还要经过研光工艺，才能使纸张表面平整光滑。发展到后来，将经过涂布填粉工艺的加工纸称为粉笺。

宋朝的文化书写用纸大多经过涂布工艺。当时很难说清楚涂布用的白粉是什么粉，可能是天然石膏粉，可能是高岭土，也有可能是敦煌土，无论哪一种，都是碱性的。品质好的粉比较洁白细腻，差一点的就会偏灰色，且颗粒较粗。因为涂布原料都是碱性的，所以在填充、研光之后，不仅能使纸张变得平滑，容易书写、发墨，还便于纸张在碱性状态下长久保存。涂布的另一个好处，是纸张的毛孔被粉浆涂料填充后，没有缝隙，灰尘进不去，很多宋代纸张至今还洁白牢固，这其中就有涂布的功劳。

据记载，古人涂布用的原料有滑石粉、石灰、高岭土、瓷土、贝壳粉等，品种十分丰富。涂布原料的加工要经过碾压成粉，过筛，然后与水、胶混合，充分搅拌，制成稀浆，再将稀浆上悬浮的杂质去掉，最后将涂布液均匀刷到纸张表面。经过涂布的纸张干燥之后，还要研光，使纸张表面平滑紧实。涂布分单面涂布和双面涂布，单面涂布的涂料较双面涂布要少一些，纸张薄一些。涂布过程中，除了要注意涂布均匀，还要掌握每张纸的涂层厚度也要均匀，涂层厚度不能太厚，否则纸张耐折度会下降。经过涂布的纸张一般还会进行染色、施蜡等加工工序，将其制成各种颜色的粉笺、粉蜡笺。粉蜡笺始于唐代，唐代纸工将施蜡技术和填粉技术结合，创造出粉蜡笺。粉蜡笺兼具粉笺和蜡笺的优点，粉蜡笺比蜡笺白度高，且更加紧密，但透明度低一些。就书写的感觉而言，粉蜡笺与粉笺相比，因为是在填粉之后又施一层薄蜡，因此在书写时不会有运笔受阻的涩感。但是如果粉蜡笺蜡含量过高的话，又可能导致滑笔，使纸面过于拒墨。

经过涂布处理的涂布纸纸张表面，因为涂料的不同，其表面的书写与绘画特性也会不同。尤其是粉笺，其运笔涩滑度与涂料有直接关系，当然研光的程度也会影响笔速的涩滑度。明末清初著名书画家查士标的书画用纸比较特别，他喜欢用灰色高岭土涂布，且不打蜡，直接在涂布纸面研，所以在他的作品中经常能看到一些灰色但又很硬朗的感觉。从墨迹和印章上看，他用的纸很明显是熟纸，但又不熟透，这是查士标的用纸习惯。和查士标同一时期的笪重光，其用纸和查士标非常相似，都是使用发灰的涂布纸，大概那个年代流行这种纸。

［清］乾隆 仿明仁殿画金如意云纹粉蜡纸 故宫博物院藏

［清］查士标 《四季山水图册》（局部）

3. 施胶、涂蜡

施胶技术是中国传统手工造纸技艺中出现较早的一种加工工艺，简单说就是往纸里添加各种植物胶或动物胶，封堵其纤维间的毛细孔，使水缓慢往下渗透，使纸张具备一定的抗水性，以便书写绘画时不走墨，不洇染，不漫浸。

据研究与记载，东晋时期已经有施胶技术。早期的施胶剂是植物淀粉，施胶的过程是将植物淀粉制成糊剂添加到纸浆中完成施胶，这种施胶方法叫纸内施胶。早期的纸内淀粉施胶对纸张有加固作用。与后期发明的纸面施胶不同，纸内施胶是在抄纸过程中同时完成施胶，缺点是纸内施胶很难保证纸面都能均匀施到胶，优点是淀粉糊剂是弱碱性胶剂，不伤纸，纸内施胶可在纸张抄完干燥之后，用研石将纸面沉淀下来的淀粉颗粒进行均匀研光处理。纸面施胶是指用刷子将胶剂均匀刷到纸张的每个部位，可两面都刷胶，也可只刷一面，依据需要，刷完胶再用光滑石头研光。这种纸面施胶，优点是可以保证纸张每个部位都均匀受胶；缺点是费时费力，还有纸面施胶的胶剂不好的话，会伤纸。所以纸内施胶与纸面施胶可以互取长短，结合使用。

施胶技术发展到唐代，施胶材料增加了动物胶。动物胶有很多品种，其中明胶最好，明胶很透，在常温下能很快溶解于水。植物胶随着发展也增加了许多个品种，如豆浆、白芨水、黄蜀葵汁、桃胶、海菜胶等。唐代施胶延续魏晋时期的方法，直接将胶液加到纸浆里，在抄纸过程中完成施胶，也有用刷子将胶刷到纸张表面的刷胶方法。动物胶与植物胶的抗水程度不同，动物胶抗水强度大，不溶于冷水，能够制出全熟的纸张，而植物胶易溶于水，制成的纸以半生半熟居多。采用动物胶施胶一般要添加明矾，制成胶矾水，使动物胶能均匀渗入纸张纤维当中。唐代用胶矾水制成熟纸的技术早于欧洲六百年。但在唐代，胶矾纸的应用并没有普及，唐代一直是淀粉施胶与胶矾施胶两种方法并存。直到宋代，因为绘画与雕版印刷的需要，胶矾纸的应用才逐渐普及开来。但宋代制作熟纸并不是以施胶为主，尤其给纸张施胶矾并不普遍，直到明代晚期才越来越多。晚明以后填粉施胶的方法越来越少被使用，大多纸张加工作坊以上胶矾水的方法来制作熟纸。

因为胶矾水能很方便地将生纸快速变为熟纸，所以在许多地方胶矾水被频繁使用。比如制作熟纸要刷胶矾水，手工纸染色要刷胶矾水，给书画固色要刷胶矾水，修复书画全色接笔前要刷胶矾水。胶矾水在许多地方都要用到，但胶矾水中的明矾水解呈酸性，而纸又怕酸，纸张上过胶矾水，大多寿命会缩短。明矾除了在胶矾水中会用到，明矾放到糨糊里还能起到防虫以及延长糨糊的保质期的作用，但明矾的使用一定要慎重。

胶矾水对纸张有伤害，为给纸张阻水，还可以采用涂蜡技术。涂蜡也是一项古老的纸张加工工艺，唐代黄纸中有一种硬黄纸，是用于写经的纸张，此纸就是采用了涂蜡的工艺。唐代张彦远《历代名画记》卷三中记载：“汧国公家背书画入少蜡，要在密润，此法得宜。”宋代张世南《游宦纪闻》卷五中记载：“硬黄，谓置纸热熨斗上，以黄蜡涂匀，俨如枕角，毫厘必见。”此种硬黄纸外观呈黄色或淡黄色，用手抖动发出清脆的声音，非常结实，至今我们看到的硬黄写经纸，经历了一千多年仍然犹如新纸，保存完好。唐代不仅在黄纸上涂蜡，在白纸上涂蜡、研光的称为白蜡纸。白蜡纸一般纸张偏厚，故宫藏现存唯一一本旋风装古籍《刊谬补缺切韵》所用纸张即为双面涂蜡、研光的白蜡纸，纸张纤维匀细，为双层湿纸一块烘干而成。唐代黄白蜡纸发展到宋代，演变为黄白蜡经笺，著名的金粟山藏经纸即为采用涂蜡研光工艺的蜡笺纸。明人胡震亨《海盐县图经》中记载："金粟寺有藏经千轴，用硬黄茧纸，内外皆蜡，摩光莹，以红丝栏界之。"可见金粟山藏经纸经过两面涂蜡工艺，并经研光处理，这种纸张制作精细，表面光滑，纤维束少，帘纹不显，墨色发光，是质量上乘的珍贵纸品。古代蜡笺纸分两种，一种薄纸，涂蜡之后更加透明，便于摹写；另一种厚蜡笺，是用厚纸加工的，也有的在涂蜡之前先涂布上一层白粉，使纸张不透明，上蜡时边熨边涂，使纸面平整光滑，蜡笺纸光滑坚实，且许多蜡笺结合染色、研花、描金等装饰工艺，具有很强的装饰美感。

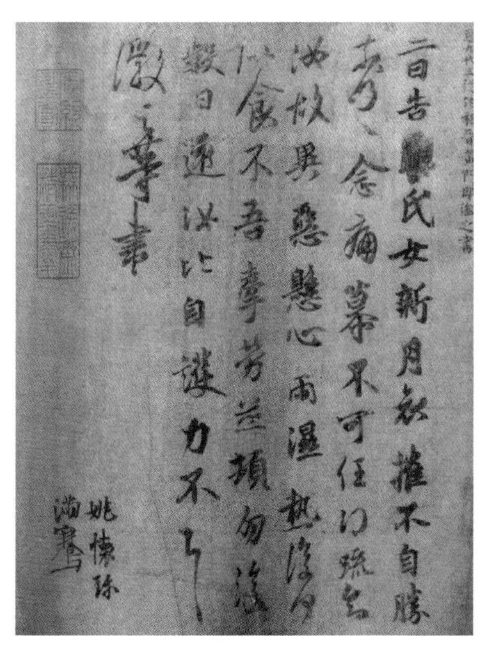

［唐］《万岁通天帖》局部，硬黄纸

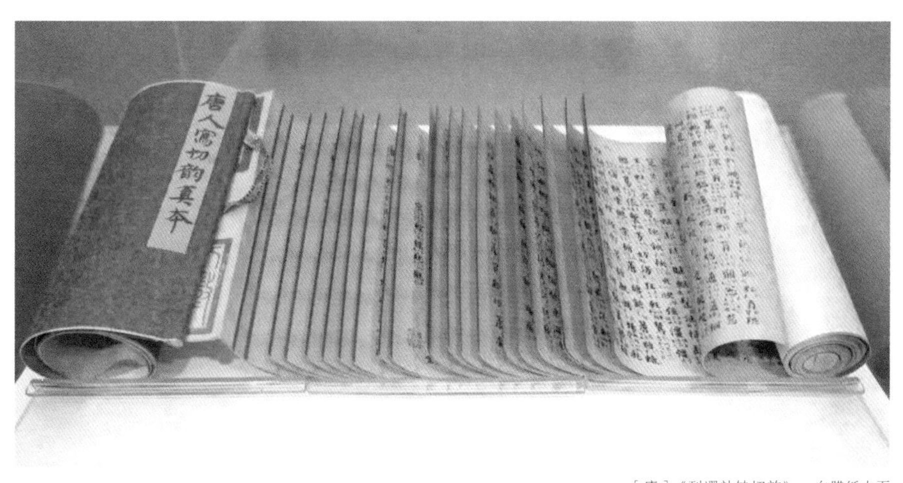

［唐］《刊谬补缺切韵》，白腊纸内页

涂蜡虽然有非常好的抗水性，不过或许是因其技术要求高，现在熟纸的方法大多采用施胶矾水。书写绘画时，墨色与颜料要能均匀涂抹在纸上，蜡涂多或不匀，都会导致纸张不吃墨或受墨不匀，因此涂蜡的多少要控制得非常精准，要得到如唐人写经那样墨色如漆的字迹，需要非常有经验的涂蜡技术。涂蜡工艺中对蜡的选择也很讲究。蜡一般分为植物蜡、动物蜡、矿物蜡三种。植物蜡主要指糠蜡，动物蜡包括虫蜡、蜂蜡，矿物蜡主要指石蜡，手工纸用的蜡以动物蜡为主，动物蜡中又以虫蜡（又叫白蜡）为最佳。将白蜡加热薄薄涂于纸面，再用砑石慢慢砑光，即完成纸张涂蜡工艺。经过涂蜡的加工纸不仅使生纸变为熟纸，还能使纸张结实美观，且有防潮、防蛀的作用。

4. 捶打、砑光

捶纸相传始于唐代，也是出现较早的纸张加工工艺。手工造纸初期，纸浆打浆度低，使得抄造出来的纸比较粗糙稀松，纸张紧密度不够，捶打和砑光能使纸张变得紧密平滑。粗松的纸张经过锤砑之后，一方面使得纸张表面平滑，便于行笔书写；另一方面，纸张内部的纤维孔隙因为捶打被压紧缩小，也避免了墨液渗透到纸张纤维之间的缝隙里，造成洇墨的现象；再者，纸张经过多次捶砑，会产生研妙生辉的光泽。捶纸之前先要在纸面涂上少许植物胶液，使纸张湿润柔软，再将纸张成叠垒起，用平头木槌反复捶打几百次以上，才能捶紧捶实。明代高濂《遵生八笺》中记载捶纸全过程："法取黄葵花根捣汁，每水一大碗入汁一二匙，搅匀，用此令纸不黏而滑也，如根汁用多，则反黏不妙。用纸十幅，将上一幅刷湿，又加干纸十幅，累至百幅无碍；纸厚以七八张相隔，薄则多用不妨；用厚板石压纸过一宿，揭起俱润透矣，湿则晾干，否则平铺石上，用打纸槌敲千余下，揭开晾十分干，再叠压一宿。又槌千余槌，令发光与蜡笺相似方妙。"[7] 这里用到的黄葵根汁是做纸药的，使纸张之间滑而不黏。批量捶打纸张的方法多用在制纸作坊里。文人自用纸张需要捶打时，采用的方法较为简单。《履园丛话》中记载了捶打少量纸张的方法："纸质虽细，总有灰性存乎其间，落笔辄渗。若欲去其灰性，必用

⑦ [明] 高濂：《遵生八笺》卷十五，台湾商务印书馆影印四库全书子部 177 卷，第 746 页。

糯米浆或白芨水或清胶水拖之，然后卷在木桿上，以椎千捶万捶，则灰性去而纸质坚。”米芾在《书史》中也指出纸要浸湿一宿，然后放在案上隔着布打，打完之后，重新烘干展平。

捶打可使纸张柔软，也可以使纸张结实，著名的乌金纸是用浙江富阳等地的竹纸经过捶打和施胶生产出来的一种用于制造金箔的纸品。乌金纸之所以能用于生产金箔，就是因其柔软且结实。乌金纸在用于生产金箔的过程中，要包裹金片并经过两万多次捶打，才能打出厚度仅为0.115微米的金箔，乌金纸在整个捶打的过程中丝毫不会破损，其生产工艺非常讲究。特殊的捶打、烟胶制作和刷胶工艺，都是制成高品质乌金纸的保证。

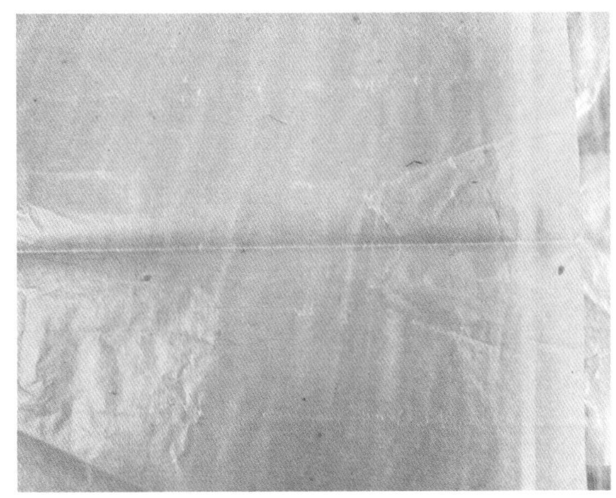

富阳逸古斋制作中未上烟胶的乌金纸

制作完成的乌金纸

砑光是指用鹅卵石、琉璃、瓷碗、玛瑙石等光滑材料磨砑纸面，使纸面平整密实光滑。砑纸看似简单，操作起来也很讲究方法。首先两手握石用力要匀，必须朝一个方向，依次从一边砑至另一边，不能有漏砑的地方。在砑纸之前，必须剔除纸张上的颗粒杂质，以免砑破纸面，此外还可在纸面打一点蜡，也可在砑石上打一点蜡，使砑纸时光滑不涩。有时砑纸不直接在纸面砑，而是隔一层纸，在隔纸上施蜡，这是为了不让纸面有蜡，且要纸面有光而柔软结实。砑光在过去是最常使用的一种纸张加工方式，除单独用于二次纸张加工之外，大多时候都作为其他加工方法的一个必不可少的步骤，配合使用。比如涂布过程中，涂布液均匀涂在纸面上，干燥后纸面会留下刷痕，不利书写，必须经过砑光，将涂布液均匀压入纸张纤维里面，使纸张紧致平滑。

同样纸张在经过表面施胶或涂蜡之后都要经历研光步骤，使胶和蜡均匀渗透到纸张纤维中，并使纸面光滑平整。唐宋时期的许多名纸如硬黄纸、捶纸、白笺、金粟笺、粉笺、蜡笺、羊脑笺等，都经过研光工艺。

[宋]赵佶《池塘秋晚图》“龙牙蕙草”粉笺纸 台北“故宫博物院”藏

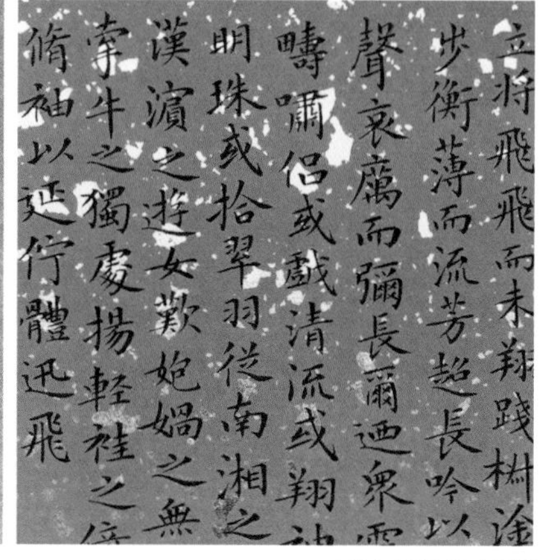

[清]内府制洒金蜡笺

5. 撒金银、刷云母

洒金银纸，是指将金箔、银箔、铜箔、铝箔、锡箔等砸碎后，用干撒法撒在涂有胶液的手工纸面上的二次加工纸。洒金银纸根据金箔、金屑、金粉等碎箔面积的密集度、金片的大小，分为不同的洒金纸品类：大片碎金的称为片金、雪金；小片碎金且密集度高的称为鱼子金、屑金、雨金；大小片混合撒金的称为雨雪金；随意撒少量金粉的称为冷金、泥金；用银箔砸碎撒在纸上的叫洒银纸。因为金银价格昂贵，所以手工造纸中常用铜箔替代金箔，用铝箔、锡箔替代银箔制作撒金银纸。刷云母是指将云母粉和胶液混合之后涂刷于纸张表面，形成珠光闪闪的效果，称为云母纸。

洒金银纸的制作方法是先将金银箔砸碎装进一个圆柱形纸筒内，纸筒底部用稀绢包裹，可漏金粉，如金片较大，稀绢可改为细网。纸筒内还要放入几粒干豆以增加碎金的流动性，撒金桶内要保持无静电的状态。将宣纸平铺在台面上，纸面涂刷一层胶液，然后手握纸筒，将有孔的一面朝下，与纸面保持一尺左右距离，摇晃或用小棒敲打撒金桶，使金粉均匀撒在纸面上。撒金完成以后，有的金屑还会翘起或浮于纸面上，必须使其与纸面贴合结实，所以要在纸面上盖一层待撒宣纸，用棕刷刷平，使金屑能平实贴覆于纸面。刷完之后将盖在上面的待撒宣纸揭下，这层宣纸会粘上一部分金屑，继续在这张纸上刷胶撒金不会浪费。这样循环操作，完成洒金银纸的加工工作，撒完金银的纸张还要经过晾干、压平、裁剪，才算完成全部加工过程。

洒金

悬挂晾干

6. 描金银、砑花纹

描金银是指以泥金、泥银为墨，在纸面描绘各种花纹图案的纸张加工方法。描金银工艺大概始于唐宋时期，是用金银泥或粉末装饰纸张的一种加工方法。描金银纸也叫金花笺、泥金花笺，工艺上将撒金、贴金、泥金都包括在内。描金银的方法有两种，一种是用毛笔泥金银描绘，一种是拓印。明代高濂在《遵生八笺》中详细记载了拓印金花笺的方法：“用云母粉，同苍术、生姜、灯草煮一日，用布包揉洗，又用绢包揉洗，愈揉愈细，以绝细为佳。收时以绵纸数层，置灰缸上，倾粉汁在上，晾干；用五色笺，将各色花板平放，次用白芨水调粉，刷上花板，覆纸印花板上，不可重拓，欲其花起故耳，印成，花如销银。”⑧ 拓印法较为复杂，用笔直接描绘比较简单，只需用笔蘸泥金或泥银在填过粉底的染色纸上描绘各种花纹即可，只是直接描绘要求绘者有比较好的绘画功底。金花纸根据材料、描绘图案的不同，结合多种加工方法，可以生产出许多繁缛的样式品种，如宋代著名的遍地销金龙五色罗纸、销金团窠花五色罗纸、销金云龙凤五色绫纸等，纸品富丽堂皇，精美绝伦，过去在民间是被禁止生产或使用的。

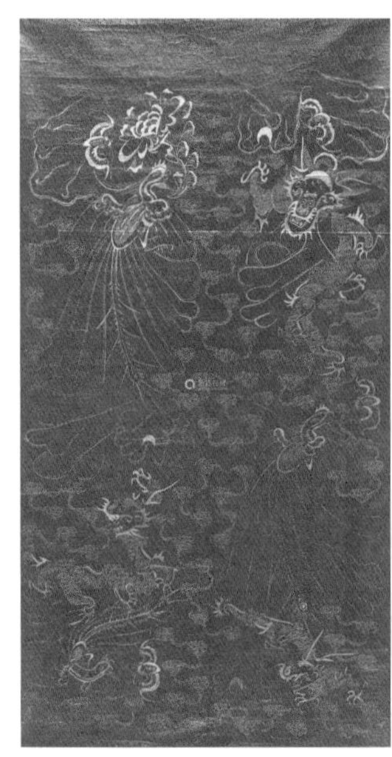

［清］描金龙凤蜡笺纸

［清］乾隆时期绿色描金折枝花粉蜡笺

⑧［明］高濂：《遵生八笺》卷十五，台湾商务印书馆影印四库全书子部 177 卷，第 749 页。

砑花纹工艺始于唐代，是将坚韧的皮纸湿润后放入两块刻有相同图案但花纹纹路相反的板子（一块是凸起的阳纹，一块是凹陷的阴纹），然后通过施压使纸面砑出凹凸不平的隐形暗纹，这种暗纹透光能清晰看见。砑花图案丰富，有山水、花鸟、虫草、龙凤及钟鼎铭文等。暗纹可以有颜色，可以是印色或后期描色，也可以是无色的，在印刷界称之为无墨印刷。砑花纸在唐代就非常著名，发展到宋代已有很多仿制，技术也非常精湛。

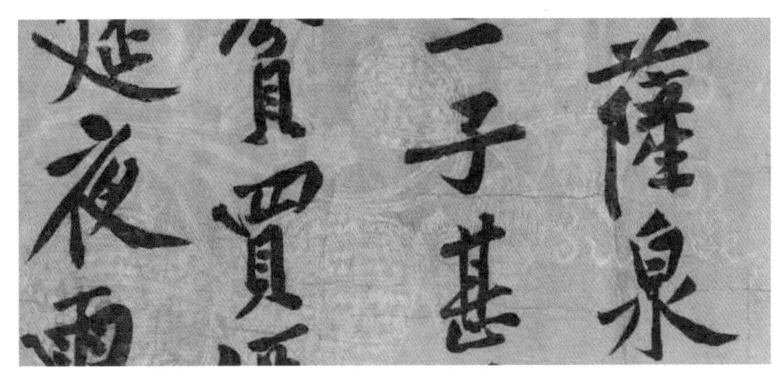

［北宋］黄庭坚《松风阁诗帖》砑花笺，台北“故宫博物院”藏

唐代还有一种花帘纸，也叫水纹纸，是指在抄纸的帘纹上用丝线编成各种图案，利用抄纸时纸浆纤维的沉积，形成图案花纹，这也是一种隐形图案，透光清晰可见。水纹纸兴起于唐代，北宋有实物保存下来。北京故宫博物院藏李建中《同年帖》，所用纸张就是水纹纸，这是迄今为止所见最早的水纹纸。

综上所述，为了提高纸的性能，加固纸张，二次加工纸的方法有很多，这些方法相互结合，生出各式各样的纸品。这些纸品有用加工方法命名，比如蜡笺、黄笺、花笺、罗纹笺等；有依据地名命名，比如金粟山藏经纸、清江纸、澄心堂纸等；有依据年代命名，比如宣德笺等。过去在纸谱中记载的名纸，制作工艺复杂，现在这些传统的纸张加工工艺很多都失传了，非常可惜。不过，随着印刷技术的进步，当代人们会将丝网印刷技术应用到纸张的装饰加工中来。丝网印刷可以替代传统的涂布工艺，直接以印刷代替涂布，提高效率，而且能提高涂料的均匀度，减少破损率，这是新技术对传统加工纸的创新应用。

第二章

传统纸质文物
与其对应的手工纸

传统手工纸最初造出来的纸张尺寸较小，因此依据原纸的大小，可帮助鉴别纸质文物的年代。纸张的大小是由抄纸纸帘的大小决定，纸帘大小随着年代推移而逐渐增大，一般情况下后一个时代的纸要比前一个时代的纸在宽度和长度上都要大一些。魏晋南北朝时期纸幅尺寸宽度约 24 厘米左右，如王珣的《伯远帖》宽度 25.1 厘米；隋唐五代纸幅尺寸宽度在 27 厘米左右，如杜牧的《张好好诗》宽度 28.2 厘米；宋代纸幅尺寸高度更大一些，宽度在 30 厘米至 35 厘米，如米芾的《苕溪诗》宽度 30.5 厘米；元代纸幅更大，发展到明清，书画的大小已经不再受纸幅大小的影响，大幅书画作品比比皆是。其实造纸技术发展到宋代就已经进入较高水平，大幅纸张已经出现，如宋徽宗的《千字文》，长度已达到 10 米。每一时期的纸质文物都会受当时造纸工艺及二次加工工艺的影响，反之，每一时期的手工造纸工艺及二次加工工艺亦会附和当时文化用纸的需求。因此，不同年代、不同纸质文物都有各自的用纸特征。

第一节　古书画常用纸

1. 魏晋南北朝时期

造纸技术的进步和熟纸加工工艺的提高，使魏晋南北朝的书法艺术出现一个高潮，并引发汉字字体的演变。生纸造纸工艺的进步，以及熟纸加工技术的提高，使得这一时期流传下来许多精美的书法作品。汉代书体以隶书和小篆为主，直至汉末出现章草，书写速度逐渐加快。发展到魏晋，草意更浓，如西晋陆机的《平复帖》，可谓草体楷隶。《平复帖》所使用纸张为浅灰色的麻纸。由陆机的草体楷隶到王羲之父子的行草，对纸张的要求更高，紧致、平滑、受墨，是行草乃至草书对纸张的要求。同样，在平滑、受墨的纸张上作画，也会得到较理想的艺术效果。

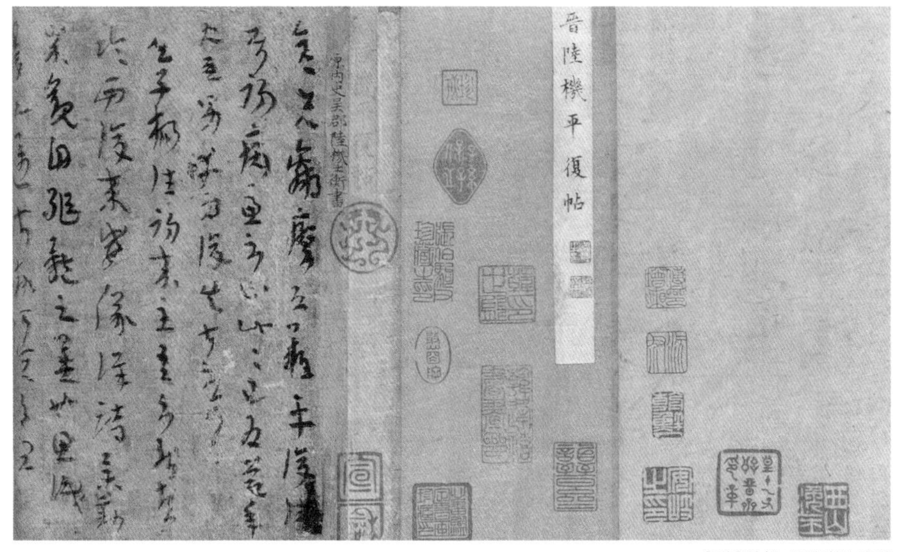

［晋］陆机《平复帖》麻纸

魏晋南北朝时期，绘画作品还是以绢本为主。自晋以后，纸本绘画逐渐出现，纸质绘本没有整张大幅作品，因为当时还造不出大幅纸张。迄今最早的纸本绘画只有新疆出土的东晋《地主庄园图》，长 106.5 厘米，高 47 厘米，由六张麻纸粘连而成。唐代张彦远《历代名画记》卷五中记载晋代画家顾恺之：“顾画有异兽、古人图……王安期像、列女仙，白麻纸。”可见当时生产的麻纸经过涂布、砑光、浆捶等二次加工，已经可以用于绘画创作。魏晋时期用于书法绘画的纸多为好纸，墨的质量也好，反言之，书法绘画水平高的，对纸、墨的要求也比较严格。

［东晋］佚名《地主庄园图》，麻纸设色

2. 隋唐五代时期

在经过加工的硬黄纸上，墨迹能呈现出立体感，这是现代书法作品所没有的艺术效果。颜真卿《祭侄文稿》使用的就是长纤维的麻纸，书写快的话，容易出现飞白效果，墨色并不那么黑亮，却非常灵动，反映出他跌宕悲愤的情绪。李白《上阳台帖》所用麻纸纸面粗糙，质感较强，纸性也比较熟，书写墨色不洇，加之麻纸纤维长，强度好，纸面挺括。杜牧《张好好诗》用的也是麻纸，纸面呈灰色，表面光滑，笔墨书写流畅，完整地呈现了字迹笔画的节奏和黝黑的墨色。韩滉《五牛图》所用的纸为桑皮纸，纤维长，纸张强度好，经过一千多年纸质保存较好。通过画面细节可以看出纸张表面或经过施胶、打蜡、研光、捶打等处理，看似有一个硬皮层，纸面光滑且不会洇墨，笔触细节处理游刃有余。

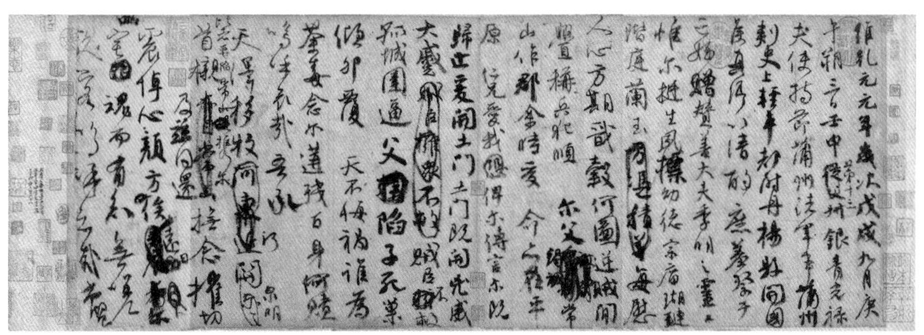

［唐］颜真卿《祭侄文稿》，麻纸

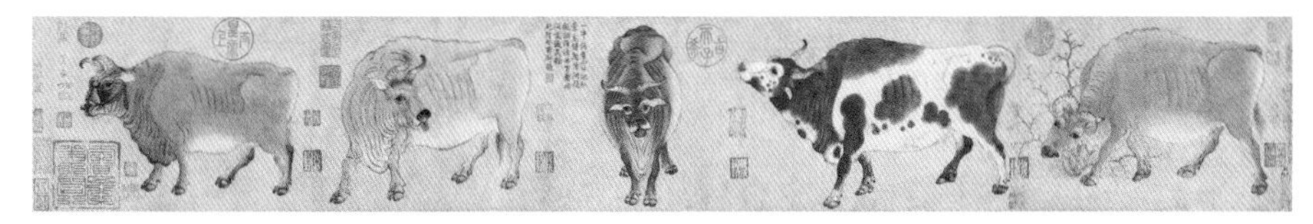

［唐］韩滉《五牛图》，桑皮纸

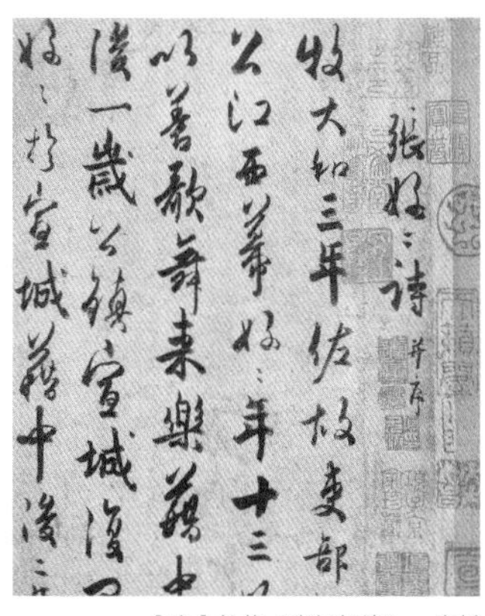

［唐］杜牧《张好好诗》，麻纸

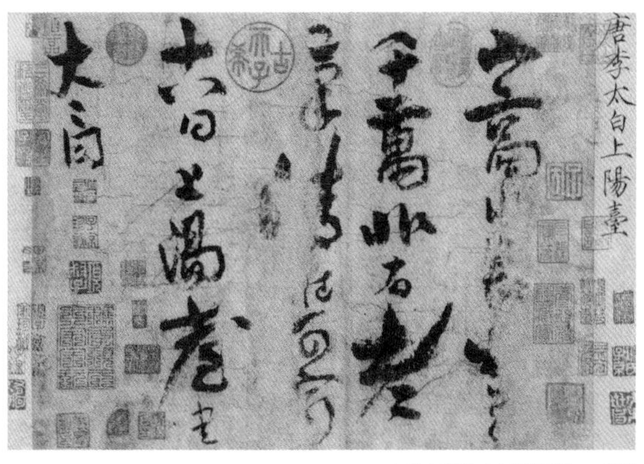

［唐］李白《上阳台贴》，麻纸

造纸发展至五代时期，长纤维皮麻纸的制作技术已经非常成熟，纸张用在书画创作中也较过去多许多。董源《烟岚重溪图》的纸张用在山水创作时，山峦叠嶂的晕染与笔触在纸面上表现得淋漓尽致，观察局部细节时，还能看到长纤维泛到墨色纸面上，这是皮纸的典型特征。用长纤维的纯皮料造纸，对技术要求很高，要把纸张表面纤维做匀净，哪怕是现在也并不容易。从这一时期的书画作品来看，已经能感受到隋唐五代时期造纸技术的成熟。

［五代］董源《烟岚重溪图》，皮纸

3. 宋元时期

宋元造纸技术进步，许多精致皮纸成为主流高端用纸。由于绘画用纸纸张幅面大，纸面平滑有韧性，便于着色渲染，因此大量纸本绘画出现。宋元时期的绘画用纸主要是楮皮纸和桑皮纸，有时比绢帛更便于表现艺术效果。装裱上，此时也部分采用纸张替代绢帛。宋代纸幅增大，有长三丈的匹纸，也使长幅画作无接缝。潘吉星《中国造纸史》中记载："根据我们对北京故宫博物院收藏历代纸本绘画的实测结果，一般说唐代绘画纸面650平方厘米，宋代平均2412平方厘米，元代为2937平方厘米。……因而我们看到，书法和绘画这两门艺术的发展是与造纸技术的发展息息相关的。"⑨

⑨ 潘吉星：《中国造纸史》，上海人民出版社，2009年，第281—282页。

宋元时期造纸技术进步，当时的生纸不再粗松，质地已非常细腻，所以后续二次加工过程变得简化。加工过程简化并不意味加工纸质量退步，而是生纸生产技术的进步，这种进步在皮纸生产中尤为明显。当时的皮纸无需加工或只经过简单加工，就能有很好的绘画书写效果。用于书画的纸张因为不加工或轻加工，纤维、帘纹一般清晰可见。宋元时期用作绘画的麻纸也较前代精工细作，比隋唐五代时期更加轻薄绵韧。蔡襄的《澄心堂帖》是明确的由五代南唐澄心堂纸写成的传世作品。这幅作品可以算作澄心堂纸的标准样品，墨色流畅饱满，放大之后能看到经过加工之后的皮纸质感，表面细腻匀滑，字迹的笔画边缘不像现代书法那么圆润，笔画之间棱角分明，说明当时的纸不像现在的宣纸吸墨速度快，也不会形成晕染的效果，有天然拒墨的功能，可以很好地呈现笔画墨色的细节。赵昌《写生蛱蝶图》为工笔设色画，纸张为精致加工楮皮纸，整体白色，局部泛浅黄色，表面经过轻加工，纸质平滑，纤维均匀细腻，抗水性能好，能勾画出非常精细的线条，细看局部，甚至蝴蝶腿部的绒毛也能被清晰勾勒出来。

［宋］蔡襄《澄心堂帖》局部，澄心堂纸

［宋］赵昌《写生蛱蝶图》局部，楮皮纸，北京故宫博物院藏

古人用皮纸做水墨画创作和现代画家用宣纸做水墨画创作完全不一样。宋代米友仁的《潇湘奇观图》为写意水墨画，皮纸不洇墨的特性在这里体现。米派山水通过不同色阶的墨色，分片泼墨刷染在皮纸上，形成清晰的界限，这和混料宣纸洇墨晕染的效果完全不同。皮纸与宣纸在墨色上的区别在于皮纸是靠墨色的浓淡分阶来区分墨色层次，墨色之间没有透叠关系；宣纸吸墨好，有晕染，每罩一层墨色都能透叠，这是皮纸与宣纸在水墨画中最大的区别。所以用皮纸创作，相对来说，绘画的功底要求更高。

［宋］米友仁《潇湘奇观图》局部，皮纸

皮纸之外，还有许多创作在竹纸上的书画作品。竹纸因为纤维短，有很好的亲墨性，因此在运笔上更加流畅。竹纸深得两宋文人的青睐，米芾在《评纸帖》中说："越�（竹）万杵，在油掌上，紧薄可爱。余年五十，始作此纸，谓之金版也。"可见其对竹纸的喜爱，而他流传下来的真迹《珊瑚帖》就是用的这种会稽竹纸。这种纸经过研光，表面平滑紧致，呈竹纸本色，淡黄色，如金版，未完全打碎的纤维束或许令画家们更加喜爱。米芾除了在纸上写字外，还画了一株珊瑚，因此被称作《珊瑚帖》。宋代临本王献之的《中秋帖》采用的就是短纤维的竹纸，纸张放大能看到竹茎，有明显的竹纤维束，这是宋代竹纸的重要特征。

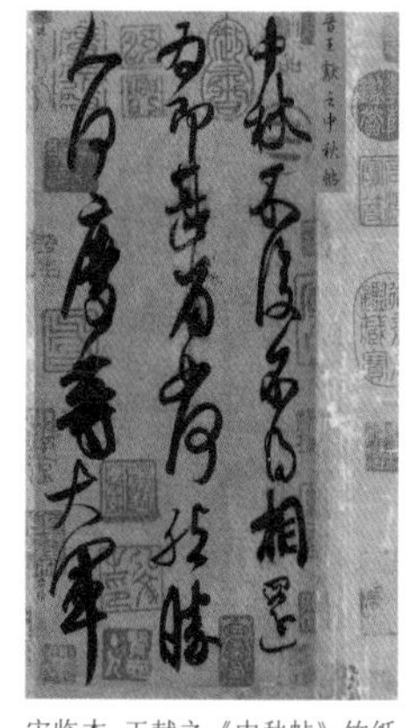

宋临本 王献之《中秋帖》竹纸

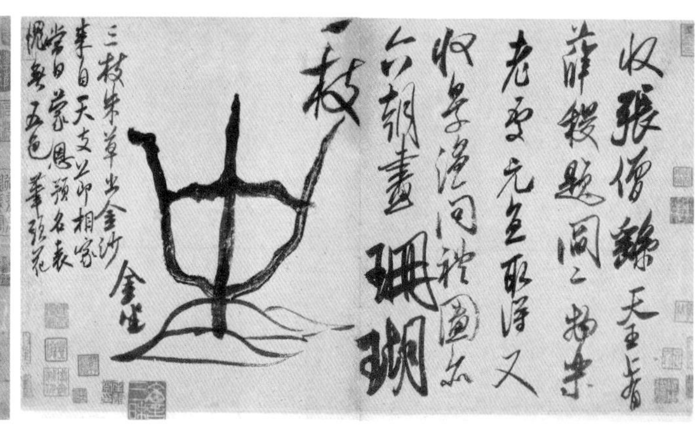

［宋］米芾《珊瑚帖》竹纸

宋元时期在加工纸上的书画作品也异常精彩。宋徽宗赵佶《千字文》的纸张为三丈长泥金绘云龙纹粉蜡笺。宋元画家还喜爱在各种砑花笺、水纹笺等花笺纸上作画。当时的花笺纸有两类，一类是用云母粉印上去，比较明显，一类是用砑花的形式压印上去，不是很明显，有的甚至只能在特殊的角度才能看到。这里也体现了宋人典雅内敛的审美追求。宋末元初画家李衎的《墨竹图》用的就是砑花纸，作品的右上方有“雁飞鱼沉”四个篆字，同时在作品中间的墨竹画面里隐约显现雁飞于空、鱼浮于水的透白图案，这些透白图案就是前期经过砑花压印上去的。宋初书法家李建中的《同年帖》采用的是浅灰色的楮皮加工纸，纸张由两张粘连而成，后面一张描绘有波浪纹图案，称为水纹纸。水纹纸常做信笺纸。

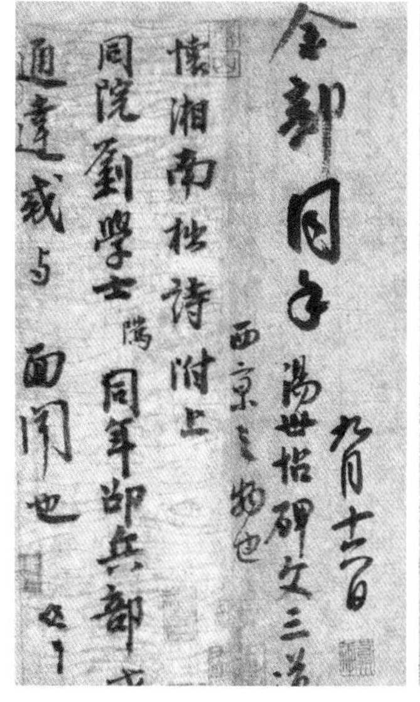

［宋］李建中《同年帖》水纹纸，北京故宫博物院藏

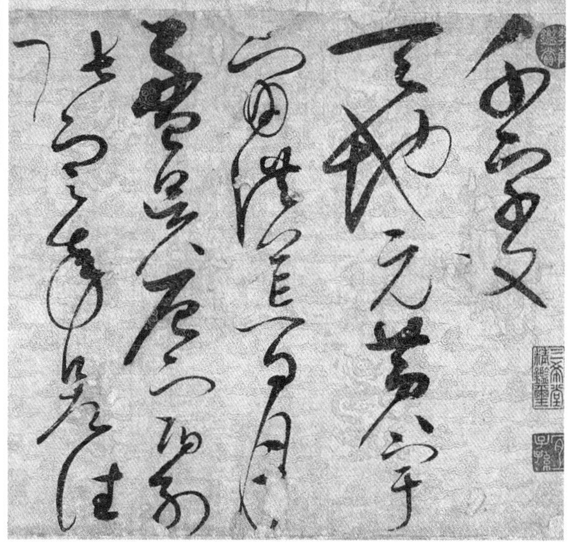

［宋］赵佶《草书千字文》，泥金绘云龙纹粉蜡笺

［元］李衎《墨竹图》，砑花纸，“雁飞于空，鱼浮于水”

4. 明清时期

明清时期的泾县纸以青檀皮为主料，稻草为辅料，有纯青檀皮纸，也有青檀皮和沙田稻草的混料纸，纸质洁白细腻、平滑匀净，有光泽感，适合书写绘画。因混料纸非常适合写意画中墨色在纸面上的晕染效果，使得泾县宣纸在书画领域逐渐盛行，到清末形成一枝独秀，成为传统手工纸的杰出代表。

明清时期开始在生纸上做书画创作，这不仅是绘画品种上的变革，也是纸张使用上的变革。明代画家徐渭发挥笔墨与生纸的特殊晕染效果，创立了水墨大写意画法，被誉为中国大写意花鸟画派的创始人。徐渭的代表作《水墨葡萄图》以泼墨写意法写意葡萄与枝叶，干、湿、浓、淡、焦并用，墨色在生纸上表现得酣畅淋漓。水墨画发展到清初，生纸上的水墨晕染效果又有了进一步的变化，如朱耷的《荷石水鸟图》，水墨层次细腻，墨色干湿与墨色浓淡变化丰富，墨线灵动奇特。画家用笔简洁凝炼，线条流畅圆润，墨色层次丰富，形象夸张奇异，于简逸中现雄健隽永之气。

［明］徐渭《水墨葡萄图》，生纸，故宫博物院藏

［清］朱耷《荷石水鸟图》，生纸，故宫博物院藏

明清时期的画家、书法家是非常幸福的，可供他们选择的纸品非常多。在生纸之外，用加工纸做书画创作的选择余地也很多，比如董其昌在经过加工的熟皮纸上书写，运笔流畅，且墨迹在熟纸上堆积，没有洇化，字迹清晰而立体地呈现在纸面上，笔划细节彰显无遗。经过加工处理的竹纸绵柔，吸墨性好，既没有生宣那样洇墨，也不会像熟宣那样抗墨，非常适宜书写。另外，在各种经过加工的笺纸上进行书画创作，也是明清时期书画作品的特点，比如在洒金笺上进行书法创作，在五色粉笺上进行绘画创作，等等。

[明] 董其昌《山庄秋景图》，泥金纸，上海博物馆藏

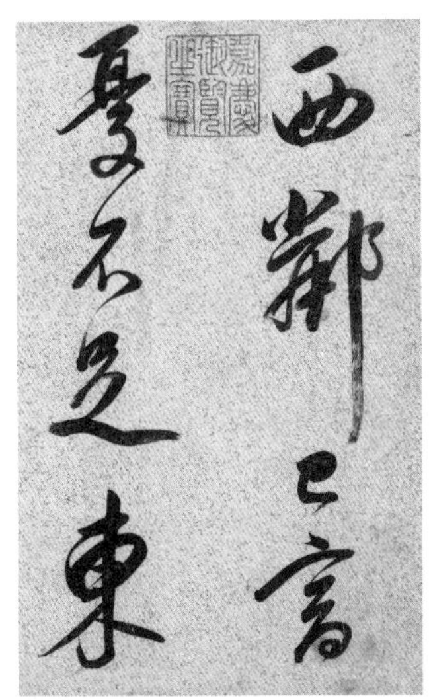

[明] 董其昌《吕仙诗卷》局部，碎金纸，台北“故宫博物院”藏

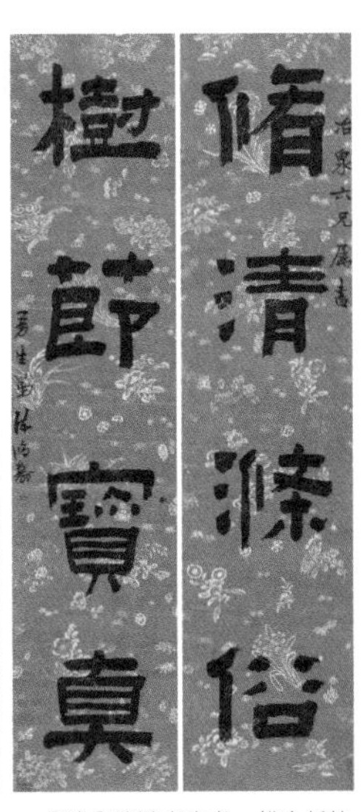

[清] 陈鸿寿隶书，描金折枝花粉蜡笺

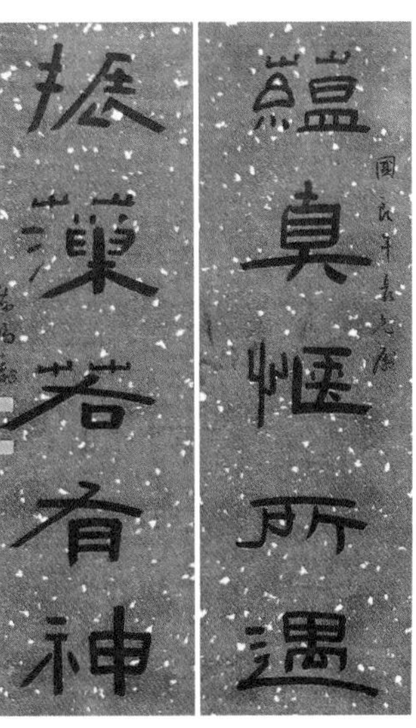

[清] 陈鸿寿隶书，片金红蜡笺

第二节 古籍常用纸

1. 魏晋南北朝时期

魏晋南北朝时期的书籍多以麻纸、皮纸等写成，卷子装形制，称为书卷，且以写本为主。因为麻、皮纤维韧性强，加工后紧致坚滑，因此无需装裱，用糨糊粘连即能直接做成长长的书卷。书卷在书写前用墨或朱砂画出栏线，方便书写。魏晋南北朝时期除抄写经史子集四部典籍、公私文书，还有佛经、道经的卷子，这在敦煌遗书中能大量看到。这些古籍文献在敦煌石室内常年封闭保存，避免了自然灾害、人为干预等的不利影响，不仅未经病虫灾害破坏，也未经后人拆解装裱，基本保持原样。敦煌遗书历经千余年岁月沧桑依然纸墨如新，非常幸运，这也为我们研究古人文献书籍提供了条件。

西晋僧人竺法护译《正法华经》所采用的上乘麻纸，米芾在其《书史》中这样形容：“纸薄如金叶，索索有声。”这种纸从晋延续到南北朝，代代相承，麻纤维均匀细腻，两面都经过无数次研光，帘纹完全研去，平滑呈透明状，且耐折度极好。魏晋南北朝时期生纸的制造工艺虽然还在初级阶段，但熟纸的加工技术已经非常高了。

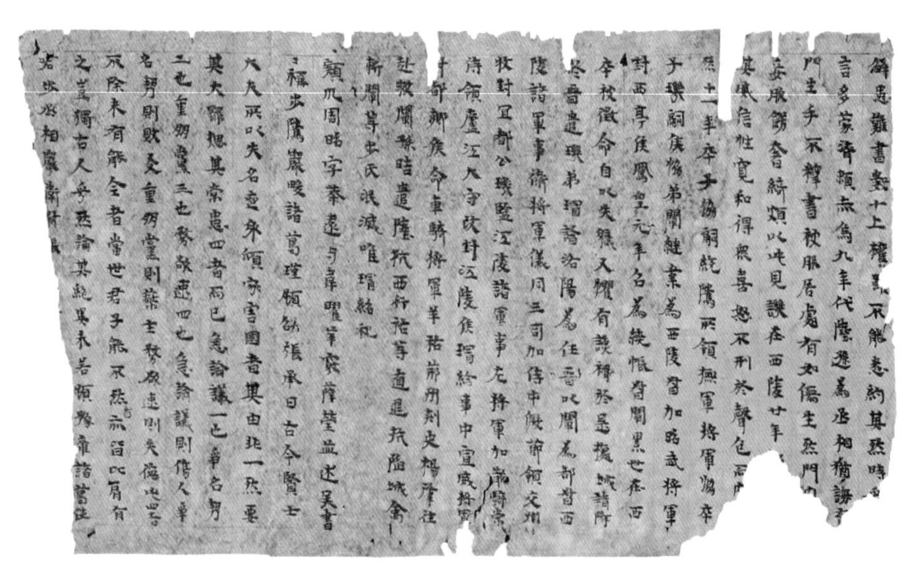

［东晋］敦煌写经《三国志·步骘传》残卷，麻纸，敦煌研究院藏

2. 隋唐五代时期

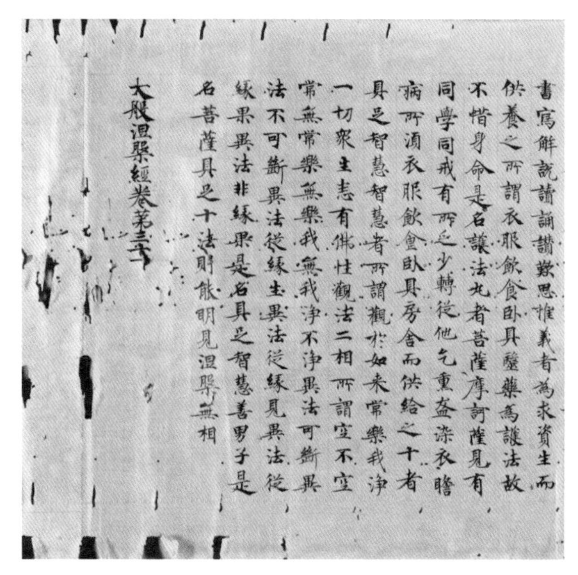
書寫解說讀誦讚歎思惟義者為求資生而
供養之所謂衣服飲食臥具醫藥為護法故
不惜身命是名護法〻者菩薩摩訶薩見有
同學同戒有所乏少轉從他乞重益染衣瞻
病所須衣服飲食臥具房舍而供給之十者
具足智慧智慧者所謂觀於如來常樂我淨
一切衆生悉有佛性觀法二相所謂空不空
常無常樂無樂我無我淨不淨異法可斷異
法不可斷異法從緣生異法從緣見異法從
緣果異法非緣果是名具足智慧善男子是
名菩薩具足十法則能明見涅槃無相
大般涅槃經卷第三十一

[隋] 敦煌写经《大般涅槃经》卷第三十一，皮纸，耶鲁大学博物馆藏

在书籍史上，魏晋南北朝和隋唐五代被称作“写本时代”，此时造纸术已经发展成熟，雕版印刷尚未全面兴起，书写用纸是这一时期的主流，纸张的功能大都围绕书写性能来做文章。麻纸、皮纸是这一时期的主要文化用纸。皮麻等粗长纤维造出的生纸，易洇墨，不宜书写，必须要经过二次加工以使其平滑紧致。隋唐虽以写本为主，但所藏图书数量不可小觑。《新唐书》卷五十七《艺文志·序》中记载：“而藏书之盛，莫盛于开元。其著录者，五万三千九百一十五卷，而唐之学者自为之者，又二万八千四百六十九卷。呜呼，可谓盛矣。”[10] 这是对唐初开元时期藏书的描述。盛唐至五代，著书立说，耗费纸张的数量绝不会少，我们从敦煌遗书中就能一瞥细节。敦煌藏经洞中的各种经史子集大多写于隋唐时期，另外还有佛经、道经等写经，数量达三四万卷之多。

隋唐五代时期古籍文献虽以写本为主，但此一时期雕版印刷已经出现。据考证，最迟在隋末唐初，印刷术已在中国普遍使用。926 年冯贽在《云仙散录》卷五记载“玄奘以回锋纸印普贤菩萨像，施于四众，每岁五驮五余”，从这句话中可见唐初即有印刷单页菩萨像的印刷活动。潘吉星先生在《中

[10]《新唐书》卷五十七《艺文志·序》，廿五史本第六册，上海古籍出版社，1986 年，第 2—3 页。

国造纸史》第四章隋唐五代时期的造纸技术中写道："1906 年新疆吐鲁番高昌遗址出土唐初印本卷轴装佛经《妙法莲花经》卷五《如来寿佛品》和《分别功德品》，经文中有武则天（624—705）称帝时颁用的武周制字，现藏东京书道博物馆。经版本目录学家长泽规矩也（1902—1980）博士研究，定为武周（690—704）刊本。"⑪ 唐武周时代的另一佛经《无垢净光大陀罗尼净》于 1966 年在韩国庆州佛国寺被发现，印刷在黄色楮皮纸上，佛经上的字体和南北朝至隋唐时期的俗体字相同，还有部分武周字体。1907 年敦煌出土的唐咸通九年（868 年）刊印的卷子本《金刚经》是至今发现最早的印有确切纪年的印刷品。唐代虽以写本为主，但印本在官方书籍、文书、佛经，以及民间历书、算命书、启蒙课本等各领域都有流通。印刷技术的推广，推动了造纸技术的发展，两种技术的互推，以及民间与官方的相互影响，促进了雕版印刷古籍的发展。至五代，国子监官刻《九经》，成为雕版印刷史上划时代的时刻，促成了宋代雕版印刷的繁荣。

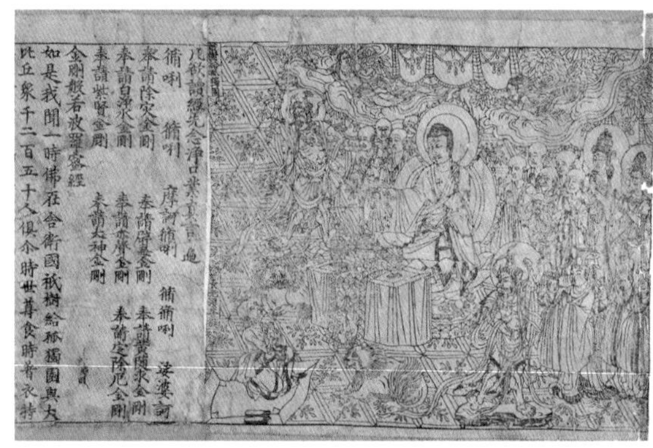

［唐］卷子本《金刚经》刻本

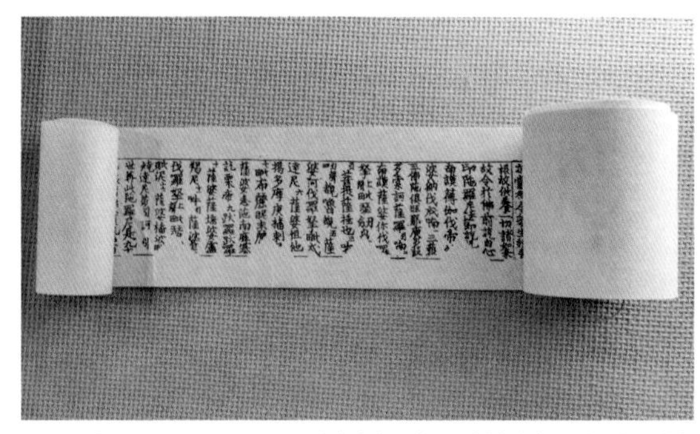

［唐］卷子本《无垢净光大陀罗尼净》刻本

⑪ 潘吉星：《中国造纸史》，上海人民出版社，2009，第 216 页。

3. 宋元时期的古籍用纸

进入宋元时期，因为雕版印刷的兴盛，印刷用纸迅速增加，纸张性能也逐渐从适合书写转变为适合印刷。宋代用于印刷的纸张一般比较松软，不像隋唐时代纸张重加工，一般只做简单施胶，加植物浆水，或不做任何加工，直接用生纸印刷。昂贵的加工纸一般不会用在印刷活动中，轻加工纸或者生纸成为了印刷用纸的主流。细看北宋刻本《妙法莲华经》的纸张，能感受到纸张因轻加工或不加工，形成原纸洁白松软的感觉，絮化的皮纸纤维也非常清晰，这种纸张的印刷墨色要比前代好得多。

［北宋］《妙法莲华经》刻本，皮纸，美国国会图书馆藏

宋元时期各地刻书用纸有所不同，浙江、四川、江西等南方地区常用桑皮纸、构皮纸，山西平水地区还保留前代特征，使用麻纸印书。过去版本学的书籍中常说宋本大多采用白麻纸、黄麻纸，这大概是因为两宋时期桑皮纸、构皮纸中有明显的纤维束，纸张表面有粗麻的质感，导致误传。宋元时期采用麻纸印刷的书籍多在北方，金代刻本《赵城金藏》采用的就是苎麻纸，麻料因为纤维长而结实，要做到纸面精细非常难，尤其较少的二次加工。通过《赵城金藏》的书页纸质，可见宋元时期造纸技术的成熟。宋代皮纸通过技术更新，精工细作，促成精制皮纸的诞生，皮纸那种细腻、洁白、绵韧的质感得以显现。宋代《皇室谱牒》纸张虽然有明显残破，还有水印黄渍，但看中间干净没有受伤的部分，和我们现在安徽泾县的宣纸

外观非常相似，实际上是长纤维纯皮纸，很难想象宋代能造出这样晶莹洁白、绵柔细腻的纯皮纸，就是在现代也少有用纯皮料生产出这样高质量的纸品。

宋元时期，竹纸开始登上文化用纸舞台。福建建阳刻本多用竹纸，虽然和明清竹纸相比还略显粗糙，但良好的适印性和低廉的成本使得建阳竹纸刻本在民间有很大的市场。宋刻建本《监本撰图重言重意互注点校毛诗》是由黄色竹纸刻印而成，仔细观察，能清楚看到纸面粗糙的竹筋。版本学书籍中提到的建阳麻纱本所使用的“麻纱纸”，应该不是麻纸，只是因宋代竹纸制造较为粗糙，导致称其为“麻纱纸”。元刻本《颜氏家训》由竹纸刻印，纸张保存至今已出现局部脆化现象，可见当时的竹纸生产工艺还不够成熟，杂质没有去除干净而使纸张耐久性不好，纤维打散也不够细，纸质看起来比较粗糙。

［金］《赵城金藏》刻本，苎麻纸，国家图书馆藏

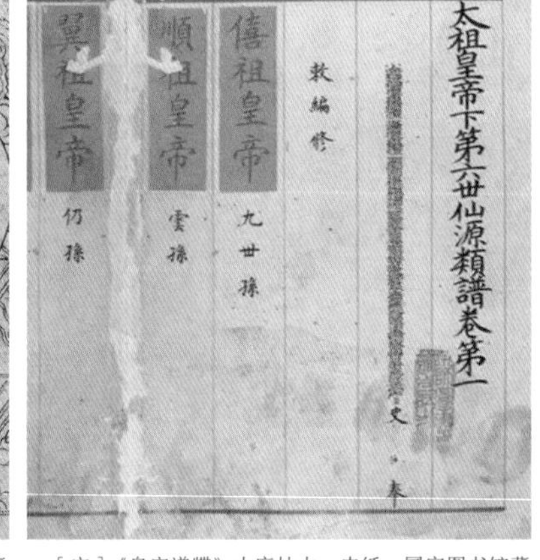

［宋］《皇室谱牒》内府抄本，皮纸，国家图书馆藏

［宋］《监本撰图重言重意互注点校毛诗》，建本，竹纸

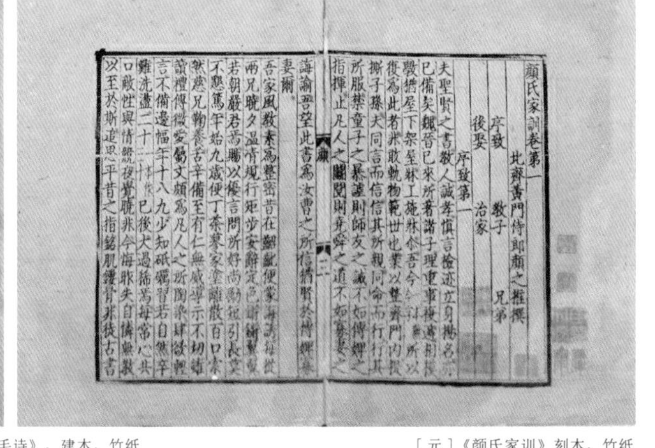

［元］《颜氏家训》刻本，竹纸

4. 明清时期的古籍用纸

［明］刻本《程氏墨苑》，纯青檀皮纸

宋元以后，繁荣的印刷业开始影响纸张的生产工艺。如果说宋元纸张还带一点“写纸”向“印纸”过渡的遗韵，偶尔施点植物浆水，到明清时基本是“印纸时代”，印刷用纸已成主流。除了一些特殊的笺纸，书籍用纸几乎全面生纸化。随着社会经济文化发展，各地印书业日益繁荣，为追求更经济的成本、更好的印刷效果，手工造纸也不断向精细化发展。

明清古籍中，白绵纸算是高档纸张，不过由于成本和产量等原因，白绵纸终究抵不过平价竹纸的竞争。随着竹纸生产规模不断扩大，在南方逐步形成全面覆盖，甚至连广信府等传统皮纸产区也逐渐转向皮竹混料纸乃至竹纸。今天所见明清古籍纸张中，竹纸是绝对主流。有学者统计，现存明清古籍中竹纸所占比重约有八九成之多，且越往后比例越高。

元末明初以来，泾县纸崛起，明末，泾县纸已有独领风骚之势。周嘉胄在《装潢志》中说：“纸选泾县连四……用连四，如美人衣罗绮。”文震亨在《长物志》中也称“泾县连四最佳”。此时的连四纸指的是纯青檀皮纸，其实明代徽州府印书就有一些使用，比如著名的《程氏墨苑》，虽不及清代纯青檀皮纸的洁白莹润，但其纸面细腻匀滑的质感是一般白绵纸所不具备的。纯青檀皮纸的巅峰大概在康熙雍正时期，以内府刻书最为经典。后世学者把这一时期的青檀皮纸称为“开化纸”，认为是最精美的刻书用纸。

与今天主攻书画的宣纸不同，纯青檀皮纸主要还是用于印书。从清末、民国至今，印刷用纸大多被机制纸取代，宣纸、竹纸主要做书画用纸，且大多不再加工或简单加工，强调洇墨、润墨功能。

第三节　碑帖摹拓用纸

和绘画用纸一样，金石拓片和碑帖拓本对纸张的质量要求也非常高。碑帖拓片用纸要求纸质紧密细薄，耐折耐拉韧性强，通常使用皮纸。拓印碑文是印刷的起源，摹搨与拓印都必须建立在纸墨发展的基础上，摹搨指覆纸摹写，要用透明度高的薄纸，或用上过蜡的硬黄纸及刷过油的油纸。《论书表》中记载：“由是拓书息用薄纸，厚薄不均，辄好皱起。”唐代拓印碑文已具备较好的拓印用纸条件和较完整的拓制方法。唐人韦应物《石鼓歌》中“令人濡纸脱其文，既击既扫白黑分”，便说到了拓印的方法。唐代拓碑一般用薄而坚韧的楮皮纸（唐时称宣纸，彼时宣纸并非今日之宣纸），皮纸在拓印过程中坚韧不易断裂，即使揭起一角观察，复原后纤维还能还原。唐以前无实物拓本，唐拓是至今可见的最早的拓本。出自敦煌藏经洞的欧阳询《化度寺邕禅师舍利塔铭》、唐太宗李世民书《温泉铭》、柳公权书《金刚经》，现藏于大英图书馆和巴黎图书馆，柳公权书《神策军碑》则藏于北京图书馆。

宋代史学发展，以研究古代钟鼎铭文及石刻文字，需要从钟鼎石刻上墨

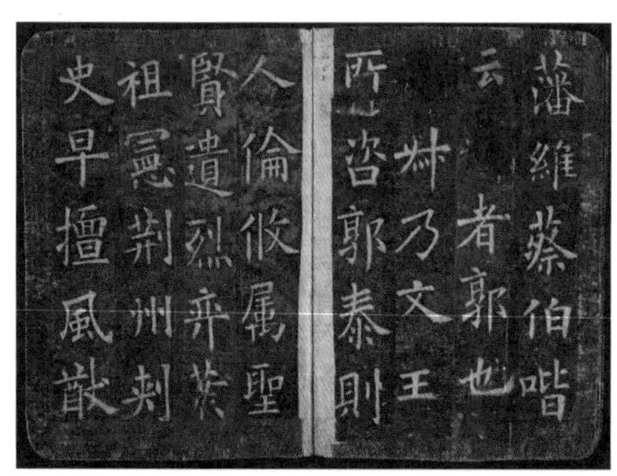

［唐］欧阳询《化度寺邕禅师舍利塔铭》，大英图书馆藏

［唐］李世民《温泉铭》，巴黎国立图书馆藏

［唐］柳公权《金刚经》，法国博物馆藏

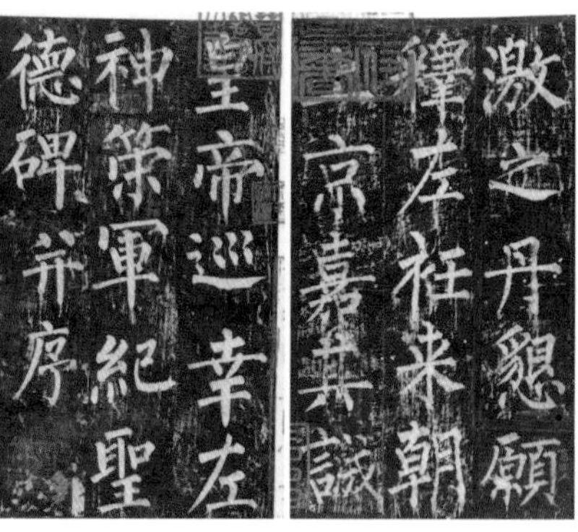

［唐］柳公权《神策军碑》，北京图书馆藏

拓文字进行考释，金石学迅速兴起，这也带动碑帖拓片的兴起。宋代拓印较唐代更进一步，质量与数量都更胜唐代。由于雕版技术发展，宋代开始由碑向帖扩展，宋太祖命人用枣木刻、用澄心堂纸拓的《淳化阁帖》可算帖本鼻祖。因为造纸技术进步，宋代椎拓用纸品类繁多，包括白麻纸、构皮纸、澄心堂纸、匮纸、竹纸、麻布纹纸、阔罗纹纸、阔帘纹纸、粉蜡纸等。宋拓多见使用白麻纸，如北宋拓本《大唐三藏圣教序》、南宋拓本《汉孔庙碑》，薄而坚韧的匮纸使用也较多。匮纸属纯麻纸，因为韧性和强度高，也常用来打金箔。宋拓用纸，不同碑帖，用纸也不同，依据捶拓需要选择厚薄。淡墨拓一般用薄纸，重墨拓用厚纸；拓印木刻玉刻一般用薄纸，拓印摩崖石碑用厚纸。纸张无论厚薄，都必须经过捶打，凹入碑帖之内，还要经历锤擦，所以制造时打浆度不宜过高，纤维必须经得起拉伸撕扯，且在托裱时不易变形。明屠隆在《考槃余事》中记载："帖有南北拓，由于纸有南北纸之分。北纸用横帘造，其纹横，其质松而厚，谓之侧理纸；南纸用竖帘，其纹竖，晋二王真迹，即多会稽竖纹竹纸。北纸不甚受墨，北墨多用松烟，色青而浅，不和油蜡，故北拓色淡而纹皱，如薄云之过青天，谓之夹纱作蝉翼拓也。南纸薄，易受墨，墨用油烟，以蜡及乌金墨水敲刷碑文，故色纯黑有浮光，谓之乌金拓。"[12]宋拓还会在摹拓之后对纸面施蜡，确保纸面洁净，字迹清晰，对唐代留传下来的拓本也会重新施蜡，加以保护。

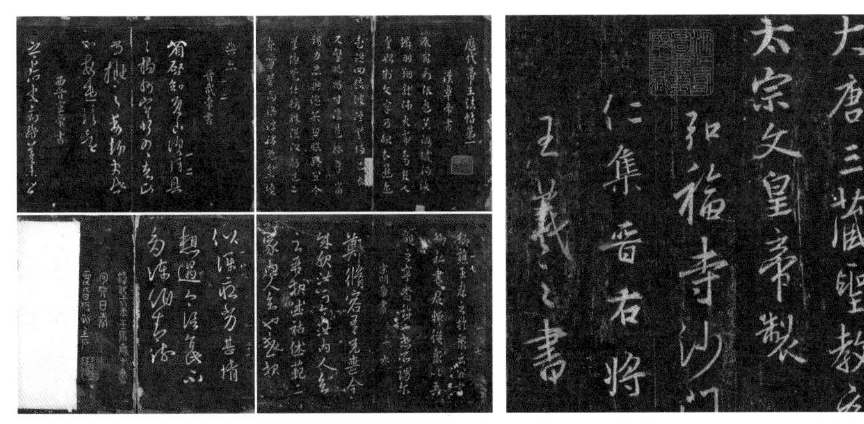

［宋］《淳化阁帖》拓本，上海博物馆藏　［宋］《大唐三藏圣教序》拓本，白麻纸，国家博物馆藏

[12] ［明］屠隆：《考槃余事》，《四库全书存目丛书》子部118册，齐鲁书社，1995。

明清时期金石传拓在继承唐宋传拓技术的基础上又有所发展。明代以来，手工造纸尤其皮纸制造技术更加成熟。明代皮纸因其绵柔有光泽，被称为白绵纸，薄厚均匀，颜色洁白，适宜用作碑帖传拓。清代叶昌炽《语石》中有记“乌金拓用白宣纸，醮浓墨拓之，再砑使光，其黑如漆，光可鉴人[13]，此处的白宣纸就是明代白绵纸。《语石》还提到明清时期常用作传拓的纸有连四纸等，如“燕赵之间工亦不良，精者用连四纸，粗者用毛头纸”。由于明代造纸业发达，用于传拓的纸品也非常多，如黄绵纸、白绵纸、太史纸、连四纸等，还有各种质量上乘的竹纸。这些纸品通常比宋纸稍薄，但纸质坚韧，纤维均匀，杂质含量少，都无需二次加工即可用作传拓。

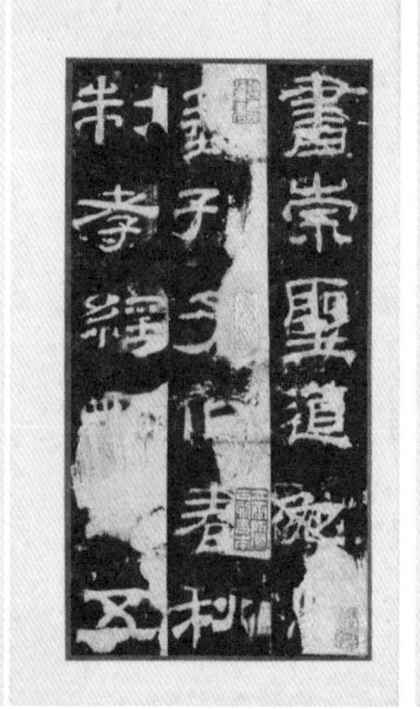

［明］拓本《乙瑛碑》，故宫博物院藏

［明］拓本 《张迁碑》

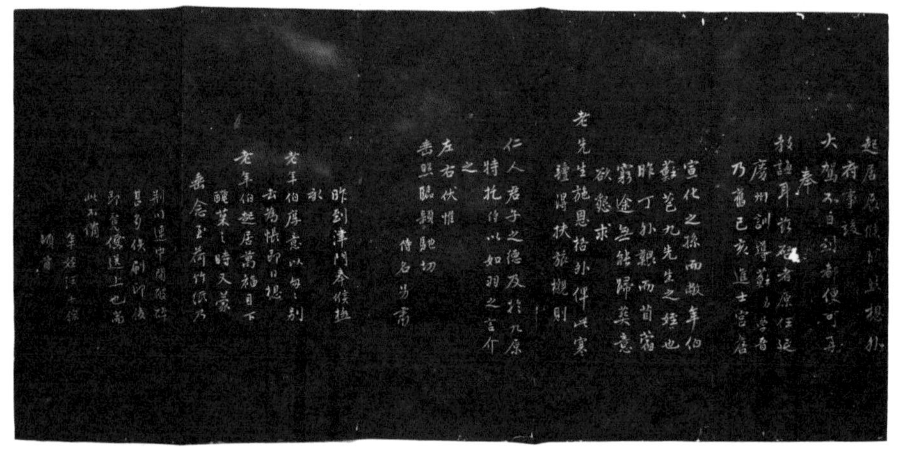

［清］《清代名家手迹》，乌金拓

[13] ［清］叶昌炽：《语石》，上海书店，1986。

第四节 其他纸质文物用纸

晋代是以纸代简的过渡时期。随着造纸技术进步，两晋时期纸张应用进入社会领域，比如官方文书、民间契约等。西晋宫廷采用青纸写诏书，东晋改用黄纸。20 世纪，考古工作者在新疆、甘肃等地发掘出大批纸质文物，多为官府文书，如敕令、诉讼、文薄等。此时在民间也出现了包括字据、借贷、雇佣文书在内的契约，还有用于通信的纸本信件。东晋、西晋的信件在敦煌遗书和从甘肃出土的纸质文物中都有发现。从魏晋南北朝进入隋唐时期，纸张在社会文化等各领域得到广发运用，此时出现了最早的报纸，开元年间发布的邸报。现有最早的报纸实物是敦煌遗书中写于唐僖宗光启三年的《进奏院状》，纸质为唐代楮皮宣纸。官方文书用纸自东晋开始使用黄纸，至唐代纸张名称开始变为黄麻纸、白麻纸。黄麻纸白麻纸在官方和民间文书使用非常普遍，如白居易的诗“白麻纸上书德音，京畿尽放今年税”，从这首诗中可以得知减免税收的诏书写在白麻纸上。唐代的官方文书大多写在卷子本上，经过装裱传阅，因此纸张都是单面，且比较厚，也常被再利用，这些被再利用的文书具有很高的史料价值，因为大多文书都有明确纪年。唐代因为经济繁荣和地域广泛，有大量关于田赋、徭役、税收、户籍、账簿、租契等文书流传下来。唐代开始还有一种纸名帖在文人与上流社会流行，相当于现在的名片，纸名帖常采用非常精美的笺纸制成。

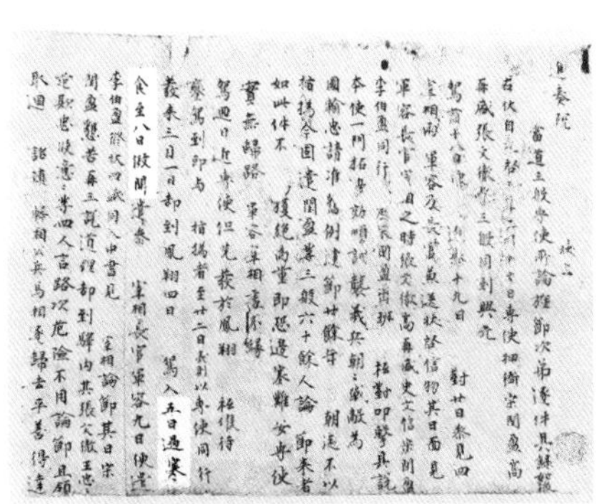

[唐]《进奏院状》，现存最早的报纸，巴黎国立图书馆藏

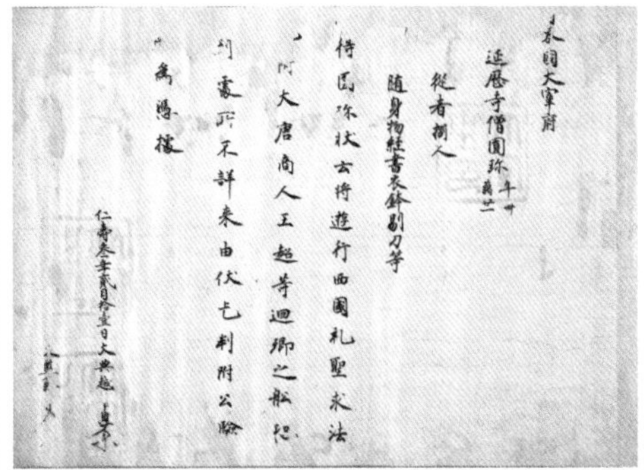

[唐]通关文书

宋代纸张除做书画、书籍、公文诏书等使用之外，还用作钞票、扇面、舆图、年画、门神、僧道度牒、包装广告及新闻报纸等。从唐代至宋初所用文书册帐大多为厚纸，《疑耀》中便有这样的记载：“每见宋版书多以官府

文牒翻其背印以行……其纸极坚厚，背面光泽如一，故可两用，若今之纸不能尔也。”⑭ 报纸最初始于唐代，以写抄卷轴的形式传阅，至北宋，最早的印刷形式的报纸出现，元代中断后在明代得到复兴。另外，纸钞最早也是出现在北宋，当时称为交子，南宋、金、元、明、清都有大量纸币发行流通。用于制造纸币的纸通常要求比较高，结实耐用之外首要是防伪。作为最初的纸币，交子大概为同一色系的皮纸制成，从一开始就具备优选纸张、隐藏暗号、套色印刷等后世纸币通行的特征。宋代纸名帖也得到进一步发展，作为社交礼仪用纸，历代纸名帖用的纸张都很讲究，包括装饰、印刷或手写，都随当时社会审美而各有追求。

随着明清造纸技术发展，纸的用途也迅速扩大，除书画印刷、尺牍图录等用途之外，延续宋元惯例发行纸币。皮纸因为柔软有韧性，常作钞票用纸，比如银票、官票等常用桑皮纸，耐折度好，拉力强。明清时期也是自唐代以来纸制品最丰富的时期。纸屏风是在唐代流行开来的，是作为书画文化用纸的延伸，而作为生活实用的纸制品，隋唐南北朝时期就有了纸窗、冥纸、纸衣、纸灯、纸包装等。进入宋元时期又出现纸扇、纸伞、纸甲、剪纸等，至明清乃集大成，除上述纸品外还有纸帐、纸被、壁纸、纸牌、纸面具等，纸作为生活用品，除了卫生用纸、祭祀用纸，还流传下来许多有史料价值、文物价值、艺术价值的纸质文物。

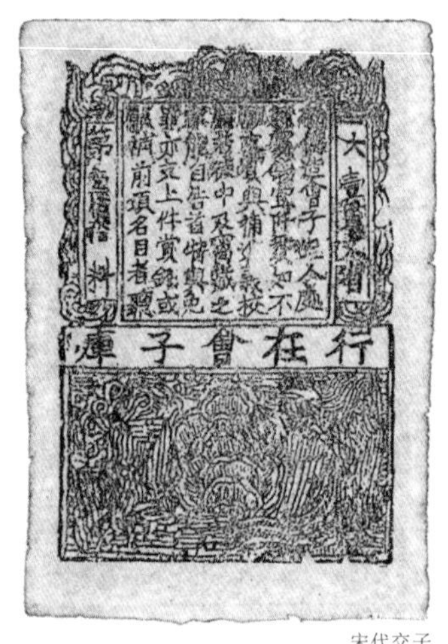

宋代交子

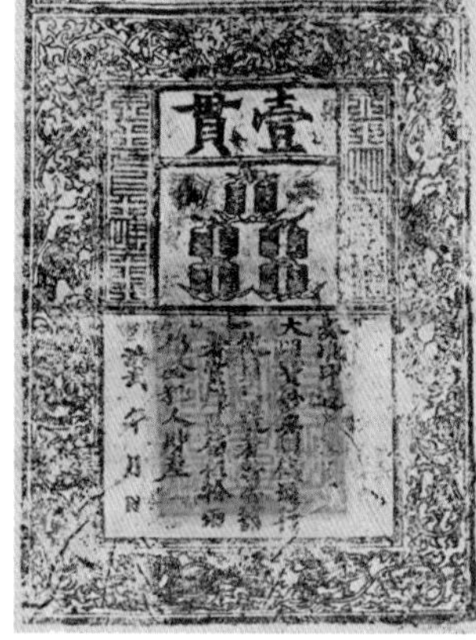

明代纸钞

清代李鸿章像银票

⑭ [明] 张萱：《疑耀》，台湾商务印书馆影印四库全书，总 857 卷（子部 162 卷），第 159—298 页。

第三章

纸质文物修复的配纸与检测

第一节 修复配纸原则

依据布兰迪的修复概念和修复原则："修复是着眼于将艺术作品传承下去，使它在物质依据上，在美学和史实双重本质上，能被认可为艺术作品的方法论环节。……要修复的只是艺术作品的材料。……在不艺术伪造或史实伪造的前提下，在不抹去艺术作品在时光流转中获得的每一经历痕迹的前提下，修复应旨在重建艺术作品的潜在一体性。"⑮ 对于纸质文物修复，我们强调配纸的重要性，从纸质文物修复材料出发，结合实际案例，参考布兰迪提出的修复原则。对于中国传统纸质文物的重要载体——传统手工纸的研究，目的就是遵循修旧如旧原则，以及国际通行的"要修复的只是艺术作品的材料"原则，对中国传统纸质文物所承载的传统手工纸材料的修复干预，是对纸质文物修复的唯一干预对象。因此，如何成功为纸质文物配纸，成为修复纸质文物的关键。

1. 配纸原则

（1）安全原则

配纸的原则从纸质文物修复的总原则而出，文物修复的第一要义就是安全，所以保证安全理当为第一原则。安全的修复材料，选配的修复补纸应该对文物是有益与安全的；另外，在修复过程中利用补纸修复文物的技术过程是安全的，尤其在对文物进行清洗，对配纸进行染色等加工处理

⑮（意大利）切萨雷·布兰迪：《修复理论》，同济大学出版社，2016，第75—77页。

的过程是无害而安全的。如果在清洗过程中用了不当化学药物清洗技术，会造成文物不可逆的伤害；如果在配纸时选用不合格的纸品，或者在给补纸染色加工时选用了不合格染料、不合格固色剂等，以致对文物造成伤害，都是违背修复原则的。因此，不合适的补纸、不妥当的修复技术，对于文物都是一种破坏。

对修复用纸的选择不仅包括补纸、加固纸、托纸、封面纸、裱纸、镶纸、背纸、函套纸的选配，还包括修复过程中的吸水纸、隔纸、衬纸、命纸、水油纸等辅助用纸的选择，所有这些纸张都必须是中性的，对文物无伤害的，许多酸性纸、含有害物质的纸都不能用于纸质文物修复。

（2）真实原则

还原文物的本来面目，是文物修复真实性原则，是文物保护的基本条件。真实性原则是指保护文物的所有原始信息，包括文物内容的真实和形态的真实，是指在文物修复过程中最大限度保持文物的所有原本真实属性。在纸质文物修复过程中常常用到的修旧如旧一词，即是纸质文物修复中的真实性原则。纸质文物的信息包括内容信息和形态信息，内容信息通过文字、图像、色彩等来呈现，形态信息通过外在结构和内部材料来呈现，如书画的装裱形态、古籍的装帧形态等。因此，在修复过程中保留文字与图像内容的完整，保留书画原本装裱形态，书籍原本装帧形态，保留文献原始承载材料，就是最大限度地维护纸质文物的真实性。我国传统纸质文物从两千多年前的汉代至百年前的民国，历经岁月洗礼，多数都有不同程度的损伤。真实还原文物本来面貌，修旧如旧，从寻找修复补纸开始就要遵循这一原则。寻找匹配补纸从纸质原料上就要做到与原文物一致，文物承载物是麻纸的，就要用麻纸与之匹配，文物承载物是皮纸、竹纸、混料纸的，就要用皮纸、竹纸、混料纸与之匹配。除了纸质原料上的匹配，在纸质外形如白度、厚度、帘纹、密度等方面，也都要与之匹配，以保证文物在经过修复之后能真实还原本来面貌，做到最大程度地修旧如旧。在寻找匹配补纸时，若不能找到与之完全匹配的补纸，退而求其次要做到“宁浅勿深、宁薄勿厚”。

关于修旧如旧原则，人们常常会为回到哪个阶段的旧而争议，是完全还原到文物最初阶段的原貌，还是恢复到文物最后待修复前的健康状态？纸质文物经历数千年传承，尤其是古书画，常常经过两百年左右会被重新装裱修复一次。每经历一个历史时期，都会受到那个时期的美学影响，比如宋代书画在进入明代后，原先的宣和裱常被改装为明式装裱，宋代的蝴蝶装古籍在进入明清时期大多被改为线装形式。经过改装修复的纸质文物遇到修旧如旧原则时，该如哪个阶段的旧呢？遵循保留历史痕迹的原则，修复界现在达成共识，修复如当下的旧，在修复过程中有意识保留前人修复的痕迹，这也是遵循还原文物的真实性原则。

保持纸质文物形态的真实性，是尽量不要改变文物的原本形态，不改变纸质文物原有装帧形制、装裱形制，包括封面形制、开本形制、裱件形制等，文物原始的装裱形式尽可能依照修复前的面貌还原。在修复过程中，古籍原书页纸不能裁，古画画心不能裁，原则上原来的装裱规格不能改变，尽量保存古籍书页原本的厚度、白度，不能因为修复而使文物失去原本面貌，不能因全色、染纸、清洗、托裱、加固等原因，使纸质文物原有特征与信息受损。

（3）最少干预原则

最少干预是指在文物修复过程中，采用最少介入手段对文物进行修复，使文物原本属性最少受到影响。最少干预修复原则，是杜绝过度修复的最好方法。在给待修复纸质文物配选补纸时，也是遵循最少干预的原则。如何做到配纸上的最少干预，可从三方面入手。一是能不换纸就不换纸。比如古籍封面纸，原封面能修就修，不要随意更换；古书画上的镶料和覆背纸等，如果保存状态良好，尽量原裱原装回去，最大限度保持文物原始面貌。二是指在使用补纸时，能少用就少用，能不用就不用。比如在没有缺损，只是裂开的地方，不用补纸，只用超薄皮纸连接加固；在遇到文物原书页劣化严重时，也只用超薄皮纸托固，不用补纸全托，以免改变原书页的厚度。所以，无论是抢救性修复，还是预防性修复，在实际修复时都要尽量做到修复面积最小，修复材料最少。第三，配纸在视觉上也要最少介入。选配补纸时，尽量和原文物在质地、色泽、厚度、帘纹等方面一致，使补纸完全融入修复后的文物中，做到视觉上的最少干预。

在修复中，要适度掌握最少干预原则，既要避免过度修复，也要避免走向另一个极端，即不修复不作为的状态。过度修复是指过度使用修复材料，过度添加修复手段，使原本可以少修复的文物因为过度修复而面目全非。有些修复甚至因为利益驱使，造成文物的破坏，比如将一张古画一揭为二的行为。南宋周密在《绍兴御府书画式》中已经明确强调："应古厚纸，不许揭薄。若纸去其半，则损字精神，一如摹本矣。"古画不能随意揭薄，甚至在揭命纸时也要考量，是否有损画心的精气神，能不揭就不揭，尽量做到最少干预。最少干预强调不过度，强调能不拆解文物就不拆解。比如古籍修复时，能不拆书就不拆书，尽量保留原来的装订用线；比如书画修复，现在分为三种修复手段，一种是保留原裱的修复，一种是拆揭后还原原裱的修复，第三种是在原裱件破损严重或原裱件缺失的情况下，重新装裱的修复。这是对文物进行分级处理，制定相适宜的最少干预修复方法。

最少干预不代表不能干预。不同类型的文物修复，有不同的修复要求，比如考古修复的需求与商业修复就不相同，因此干预修复的程度自然也不同，不必局限在同一个标准里。此外，在东西方修复理念中，不同种类文物修复要求也不一样，没有绝对的尺度来规定最少干预的标准。比如传统中国纸质文物中的手卷修复，每隔一段时间都要重新装裱一次，随着朝代更迭，手卷越修越长，不断有新的题跋、批注增加，有些新内容让艺术品更具艺术价值，这些新内容成为该作品的一部分，成为该作品流传有序的历史痕迹。又比如古籍修复中的金镶玉形式，在现代修复理念下，这种改变原来古籍形态的修复形式是否有存在的必要，不能一概否决。金镶玉的形式可以预防性保护书籍，针对书籍天头有批注，版面四周过窄，被人为裁切，或者书页纸质劣化严重，随时有脆化破碎的可能出现时，是一种非常好的抢救性、预防性保护措施。即使单纯作为艺术修复，增加颜值，有些商业修复的场合也无可厚非。另外对于全色接笔、画栏补字，只要是文物足够需要，技术足够到位，也不必因最少干预原则一概否决。

（4）可识别原则

配纸的原则是遵循纸质文物修复原则的要义，纸质文物修复原则在整个文物修复原则中有其自身的独特性，但基本的文物修复原则还是相通的。布兰迪的《修复理论》中提出："任何整合必须总是具有容易的可识别性，但却不应为此干扰我们所希望重建出来的那种一体性。”[16] 强调的就是可识别性修复原则，因此我们在配纸时，可以适当考虑补纸与原文物纸载体的可识别性，但这种可识别是有度的，我们不能为此干扰了修复后重建的那种一体性。纸质文物在被修复后，补上去的部分在近距离被观赏或阅读时，最佳状态是不被察觉到，但在被刻意微观细看时，能被发觉识别出来，这是修复配纸的可识别原则。其实补纸在修补过程中是可逆的，补纸与原画或原文献不可能融为一体，它们之间是通过可逆黏合剂黏结的，所以配纸无论多么相似，哪怕是同一种纸，也不会混淆视听。

中国传统的纸质文物修复原则在传统书画与古籍修复中能够感受到自成一体的修复原则，尤其在书画修复中常用“天衣无缝”“补处莫分”来赞美修复技术的完美。这与现代西方修复理论中的可识别修复原则似乎相违背。但实际上，西方文物修复理论体系并非不关注艺术品在经过修复之后的美学要求。正如布兰迪在其《修复理论》中提道：“只要其目的仍是修复，而非重制，如果采用了某种特殊且耐久的工艺，可以确保增补片段的区别，甚至不排除采用相同材料或人工做旧的做法。”[17] 所以无论是东方的修复理论还是西方的修复理论，在追求文物修复之后能完美呈现艺术品原有潜在一体性的艺术价值、文献价值的诉求是一致的。可识别性原则是对伪造与作假、混淆文物行为的排斥，并非排斥惟妙惟肖的艺术还原修复。当下有一种过激的修复言论，对传统书画修复中的全色与接笔，对传统古籍修复中的画栏补字，持排斥态度，导致这些传统的修复技艺正在面临消失的尴尬境遇。

2. 配纸方法

（1）传统配纸方法

传统配纸方法是指修复人员凭肉眼观察，凭手感触觉，凭耳朵听音，凭修复经验进行配纸。一般会将待修文物与多款补纸放在一起，在光线充足的环境下对比观察，从材质、色度、厚度、白度、透光度、帘纹，以及纸张表面光滑度等方面，观察，触摸，感知配纸的匹配度，选择最合适的

[16] （意大利）切萨雷·布兰迪：《修复理论》，同济大学出版社，2016，第 90 页。
[17] 同上

补纸。有经验的修复师，通过摸、看、听，能够准确判断纸张的原材料和制作工艺。在过去没有各项检测设备的时候，修复师全靠经验准确地为待修文物选配补纸。这种经年累月积累下来的配纸经验甚至比科学仪器检测匹配的补纸还要合适，有时检测仪器测试匹配的纸，在现实使用之后也不是绝对合适。比如刚生产出来的手工纸，因为新与燥而过于挺硬，抖动起来会有唆唆唆的声音，旧的字画、书页很柔软，抖起来没有声音；在光泽度上，新纸也不像旧书页那样柔和，即便是检测仪器上检测出来的各项数据都合适，在修复师眼里，这种补纸还差些火候，还要去去“火气”。去火气成为纸质文物修复师提前要做的工作，一般最简单的方法，就是提前采购修复用纸，存放在空气相对流通的环境里，让纸张与空气充分接触，自然氧化，使其与文物载体的纸性在柔软度、光泽度、收缩度等方面逐渐接近，以避免与文物之间产生视觉上的差异，即俗话说的做到“四面光”。补纸不能买来就用，要存放一段时间之后才能用，这已经成为纸质文物修复行业里的配纸原则，有时候还需要将补纸做旧才能使用。

（2）通过检测配纸

通过检测的手段配纸，是一种较为科学的方法。对于补纸的检测可以是现用现检，也可以是在入库之前做好全面检测，记录详细数据再分类入库，用时方便对号选纸。现在，我国各地手工造纸作坊良莠不齐，虽然品种逐渐丰富，但合格的修复用纸并不多，在购买前必须对纸张进行检测分析，判断是否含有木质素、pH 值是否符合文物修复材料的要求等，并按纸张原材料、生产工艺和厚薄等分门别类入库。纸张检测的设备包括纤维检测仪、厚度仪、白度仪、酸度仪、耐折度仪、耐拉力仪等，这些仪器分别能检测纸张的纤维成分、pH 值、白度、厚度、透光度、色度、荧光度、耐折度、紧实度等各项指数。纸质文物在进行修复配纸时，只需对文物进行检测，通过数据检索，在纸库中寻找各项指数匹配度最高的补纸即可。在纸库中通过参数配纸，前提是纸库中有足够种类、足够数量，且检测合格、数据翔实的纸张以供选择。如果条件并不成熟，可以先用传统检测手法初步挑出适合的补纸，再用检测仪器检测补纸与文物的各项指数，精确对比两者的匹配度，这是现在大多数普通修复机构采用的方法。

（3）通过染色等加工手段配纸

在不能找到与文物完全匹配的补纸时，也可通过自己加工来完成补纸选配。加工方法主要是用染色手段使补纸与原文物在色度上相匹配，也可以用填粉涂布等方法做旧新纸，使其和原文物接近，还可以通过多层薄纸相托的方式改变补纸厚度，与文物匹配。纸张加工的手段很多，其中染色做旧是采用最多的一种。染色方法在前面章节有详细介绍，此处不再赘述。只补充一点，用染料调制染汁，尽量一次调制足够的量，以免重新调制的染汁颜色与前次不一致，造成补纸颜色不一。另外，染汁的用量需考虑染料本身色素深浅含量、染纸数量、颜色浓淡要求、气候条件等因素；在调制过程中可用小纸片反复试色，最好用色度仪测试，调制出最佳剂量染汁。必要时，染汁中可适当加入胶矾水以使染色均匀，防止染纸掉色，出现花斑。注意刷染要平整，染纸不要有皱褶，染色要均匀，不要积淀汁水，排笔的运走要顺着纸纹一笔接一笔刷。

有些配纸和原书页在色相上是吻合的，只是原书页因历经岁月，蒙上灰尘，白度上略微偏灰，此时可用针尖点少许墨，滴在带一点茶汁的染液里兑成染色水，刷染补纸。这种染色水颜色极淡，与其说是染色，不如说是做旧补纸。另外，在拓本拓片的配纸中，需要配石花补纸，石花可根据拓片拓本的墨拓形式，选择不同的墨拓方式，比如在石头上擦拓的拓片，就要选择相似的石头擦拓相似石花，这样加工出来的石花才能匹配原拓片。同样，原文物载体是用加工纸的，对应的补纸也要用加工纸，以撒金纸为载体的文物，就要用撒金纸匹配。宋代许多纸质文献采用的载体是加工纸，所配的补纸也需要经过涂布等加工处理才会匹配，而唐代写经大多是用硬黄纸，对应的补纸也要经过染潢、施蜡、研光等手段处理。

第二节　纸质文物的清洗

1. 清洗用水

对纸质文物的清洗是不得已而为之的保护措施，清洗除污除了清扫吸尘等干处理手段之外，主要还是湿处理。清洗文物的用水不可以是未经处理的生活用水，这是国际上文物保护与修复行业的基本共识。清洗纸质文物用水应尽量使用高纯度的水，比如超纯水、蒸馏水、市售纯净水等。在没有条件的情况下，也尽量使用经过活性炭过滤或至少煮沸的生活用水，没有经过处理的生活用水或硬水不适合用作纸质文物修复。

超纯水比纯水纯度还要高，是由专门的超纯水机制成。超纯水中的电解质极低，水中有机物、微粒子、微生物等含量也很少，常被称为“饥饿的水”，因此超纯水也极易被污染，保存和运输非常困难，在条件非常好的前提下才有可能使用超纯水清洗文物。所以，虽然超纯水对纸张的清洗能力强，能够最大限度地去除纸张纤维间的杂质，增加纸张白度，提升纸张 pH 值，达到良好的清洗效果，但在现实中能使用超纯水作为清洗液的机构还是很少。

蒸馏水是由多效蒸馏水机制成，纯度也非常高，水中的离子与杂质含量也很低。采用蒸馏水清洗文物，可以去除纸质文物中大部分的污物杂质，而且随着清洗次数的增加，纸张的白度和 pH 值也会提升。文物清洗的次数不是越多越好，无论使用什么水，任何纸质文物经过水处理都有可能降低纸张的聚合度和抗张强度，并随着次数的增加，聚合度和抗张强度也呈下降趋势，所以文物清洗的次数不宜过多。

市售纯净水是在市面上能买到的纯净水。纯净水在生产过程中经过多层过滤，水中大部分杂质、微量元素、无机盐等都被去除。采用纯净水清洗文物，文物纸张白度提升较明显，同时抗张强度和聚合度的损失也较小。纯净水有获取便捷的优势，是纸质文物清洗用水的首选。

生活用水来自自来水，自来水又分直饮水和普通生活用水，直饮水水质高于普通生活用水，但其中对人体有益的矿物质对文物并没有益处。生活用水水体硬度较大，含有大量杂质和细菌，如金属离子、颗粒物、微生物及有机物等。硬水是指含有较多可溶性钙镁化合物的水，生活用水和硬水对纸张的清洗效果较差，且对纸张抗张强度和聚合度影响较大。用生活用水和硬水清洗文物，文物白度改变也较小，只有 pH 值增加超过超纯水、纯净水等。总体来说，生活用水和硬水如不经过处理，不适合用作纸质文物清洗。

清洗用水的温度对被清洗文物的纸张 pH 值、白度、清洁度、纸张的聚合度和抗张强度等都有影响。清洗用水的温度较高时，清洗后纸张的清洁度、白度和 pH 值都会有所提升，水温的提升使得纸张中污渍、灰尘等更易溶解。

但也是因为水温提高，会降低纸张的聚合度和抗张强度，所以水温不宜过高。还有清洗用水的保存与运输也要非常谨慎，水很容易遭遇二次污染，所以清洗用水最好现制现用。比较便捷的方法是选用独立的小型净化设备，现制现用，避免输送与储藏而造成二次污染。

2. 清洗方法

纸质文物中，有的历经千百年，有的常年不翻动，有的遭遇各种病虫灾害、污物侵扰，积满各种灰尘泥渍、虫鼠粪便等污物，加上人为使用不当造成的文物污损，留下墨汁、汗渍、茶水、羹汤、油渍、色斑、锈斑、霉斑等污染痕迹，导致文物脏污不堪。在对文物进行修复之前，要做一次彻底清洁处理，把文物中的灰尘、泥垢、污渍、霉菌等全部扫除。清洗去污的过程可分多个步骤，可依照先干后湿、先冷后热、先物理后化学，层级递进的处理方法。尽量做到最少干预，最少处理，最大限度保存文物的原始状态。

（1）除尘

对浮于纸质文物表面的浮灰、尘土、粪便、泥迹等污物，可用软毛刷、毛笔、海绵、专用黏性橡皮泥等清除；对稍有粘连的污垢、泥斑、蜡迹、霉斑等，可用镊子、挑针仔细挑除；对纸质较好的文物，在不损伤文物的前提下，可用竹刀、刮刀轻轻刮除粘得比较紧实的污垢。

（2）喷潮去污

遇到纸质强度较差，墨迹颜色或印刷质量不佳，墨色浮于纸张表面的文物，为避免字迹墨色洇散，可用喷潮去污的方法。在需要喷潮去污的纸质文物下垫上吸水纸，对表面有污渍的部分喷潮，然后迅速在文物上覆一张吸水纸并同时按压，让覆在文物上下的吸水纸吸附掉文物上的污渍。如果不能一次吸附完污垢，可反复操作几次，最后撤潮压平。喷潮去污的方法有些类似国外的吸水纸清洗法。吸水纸清洗法也是针对纸质较差、纸面脆化、纸张强度弱，或是字迹对水敏感的文物，将需要清洗的部分用温水打湿，再用无酸纸吸出污水。为保护文物尽量不受潮，可用薄膜控制水分的扩散。对文物的去污不必执着完全去除干净，以保证不损伤文物。珍贵文物需要清洁时，也常用此保守方法去污。

（3）入水漂洗

对纸质较好的文物，可用入水漂洗法去除纸面污渍。用水漂洗对书页泛黄、发灰、发黑及水渍污痕的清除效果较好。碰到遇水会跑色的文物，不能直接入水清洗，需事先固色。固色的方法一般有两种，一种用牛皮纸包裹隔水，放蒸笼里高温热蒸三十分钟以达到固色的目的；另一种是对遇水走色的部分，用毛笔蘸胶矾水固色。对文物价值较高的珍贵纸质文物一般不采用漂洗法，更不会上胶固色；文物纸质太差的也不轻易入水漂洗。

入水漂洗的方法可分划洗、浮洗、淋洗、浸洗。对局部污染的文物，可采用局部划水去污的划洗法。在纸面上出现局部水痕、斑点、泛黄发黑的部位，用毛笔或排笔蘸清水或热水轻轻划洗，注意不要因划洗不当造成纸张变形。浮洗是将文物提拿漂浮至水面清洗，也称漂浮清洗。浮洗是针对纸面字迹可短时间入水但不能长时间浸泡、冲淋，且纸张拉力较强，纸面破损较少，经得起提拉的文物，且纸面污物入水即能溶解并随水流作用浸入水中。

文物上污物较多，污染较严重而纸质较好，字迹墨色完全不洇化的，可用淋洗法。淋洗是将单张文物放在垫有无纺布或抄纸帘的洗书板上，洗书板可用亚克力等平整受水的材料制成，文物上再覆一层无纺布或抄纸帘。无纺布和抄纸帘是为保护纸面不直接受水流冲击。洗书板斜放在水槽中，水温依据污渍去除的难易，控制在 60 摄氏度以内，淋洗水柱冲力必须缓和，避免对文物造成损伤。淋洗时，用手掌轻轻上下按压，将污渍挤压出来。淋洗可单张淋洗，也可多张叠置一同淋洗，每张之间要用无纺布隔开。

浸洗是针对文物纸面污染严重，有大面积发黄、发黑、发灰、酸化现象，浸泡清洗只适合纸质较好的文物，对于已经糟朽的纸质文物不能采用浸洗法。浸洗可在水里加入适量小苏打，既可清洗除污，还有很好的除酸作用。小苏打和水的比例一般为 1:1000 左右，水温控制在 60 摄氏度左右。文物可单张浸洗，也可一张一张用无纺布分隔叠放，还可以数张错开排放，再用无纺布隔开，在水槽中文物上下多放几张吸水纸，再压上直尺，以防止文物受水流冲击移动受伤；调好的热水缓慢从四周倒入，多层纸张要完全浸泡在水中，浸泡时间不宜过长，可上下按压，让热水完全渗透。水温凉了即可放掉，再换四到五次清水，彻底去除文物内的污水和小苏打。最后分揭，晾干，压平。

（4）蒸汽清洗

对污染严重，污物又粘连的纸质文物，可采用蒸汽清洗的方法。此法是利用高温水蒸气渗透到黏结的书页内，让黏结书页上的污物溶于水蒸气中，从而使污物从书页中分离出来。书页污垢经过蒸汽分离后，要立即趁热清理干净。蒸汽清洗注意避免书页中的字迹脱开或洇散。

（5）清除顽固污渍

顽固污渍包括油污、霉斑、墨水、胶渍等。这类污渍可用传统的植物清洗剂如皂角、枇杷核等清洗，也可采用现代化学清洗剂清洗。添加清洗剂清洗时要慎重，以免造成文物的不可逆伤害。清除文物纸面上的油污，可先用热水清洗，不能去除的情况下，在文物纸面下垫好滤纸，然后用镊子夹棉球蘸稀释过的氨水或酶擦洗，在擦洗过程中经常更换滤纸和棉球，直到油污去除，再用清水多次清洗。去霉斑和墨水，可先用小刀刮去表面霉斑，再用酒精擦洗消毒，之后用浓度在3%以下的过氧化氢溶剂清洗，再用清水多次洗净。不同霉斑的清洗，难易程度不同，比如红斑、黑斑最难清除，不必强求完全清除干净，能够抑制霉菌滋生和淡化斑点即可。去胶带和胶渍，可用毛笔蘸5%的甲基纤维素溶液涂在胶带表面，使其与书页松动分离，再用刮刀轻轻刮除，此步骤可多次重复，直到胶带和胶渍去除，最后用热水多次洗净。

第三节　传统手工纸的检测

在对纸质文物进行修复前，需对文物进行检测，检测文物纸张的各项信息。纸张检测包括纤维检测、外观性质检测，以及内在物理化学性质检测。对文物纸质的检测与分析，不仅可以帮助我们寻找合适的补纸与裱件，制定合理的修复方案，还有助于辨别纸质文物的年代特征等。

通过显微镜下纸纤维的各项特征，可以鉴别纸张的原料及生产工艺。比如根据纤维长度数据，能够鉴别纸张纤维的类别。在所有纸品中，苎麻纸的纤维长度最大，大麻其次，之后是桑皮、青檀皮、楮皮、瑞香皮，竹和草的纤维最短。因为麻纸中麻料纤维都比较长，纤维被打碎以前需要把长纤维切断，所以纤维两头是比较平的，而且麻纸在打碎时往往是分散的，所以显微镜下麻纸的纤维图中，纤维两端必定有一个头是比较圆的，两头都细的很少。皮纸的纤维两头是逐渐细瘦下去的，因为皮纸纤维两端在砸的过程中容易帚化，皮料的纤维是整片被打碎，然后再沤烂，所以纤维两端比较尖细，这与麻纸纤维被切断所形成的纤维图完全不同。了解这个，可以方便区别麻纸与皮纸。学习识别各种纸品纤维图，有助于纤维检测信息的采集。

纸张纤维长短直接影响纸张的牢度与强度，而纸张的牢度与强度还与纸张的紧实度有关，纤维打得越细，纤维之间结合就越紧。纤维与纤维经过氢键结合，纤维接触面越大，纤维间相互结合得就越紧。反之，纤维打得越粗，纤维之间氢键结合越松，造成纤维交叉结合起来空洞大，最后导致纸张松散，纸张强度和紧实度就会下降。

对传统手工纸的检测还包括肉眼所见的外观性质和运用仪器观测的内部物理化学性质。外观性质包括颜色、白度、匀度、表面杂质、手感等。物理化学性质包括色度、厚度、定量、紧度、pH 值及抗水性等。纸张的外观性质检测对纸张有了初步筛选，特别是从颜色与白度得以直接区分，比如纸张白度太低，一般表明纸张内含有较多的木质素，且不耐老化；而白度太高，则有可能经过比较强烈的漂白工艺，纤维强度会有所下降。纸质文物修复用纸一般应和原文物纸张的白度相近。需要说明，白度数值越低的纸张越黄，数值超过 100 则说明可能添加了荧光增白剂。

纸浆白度是决定纸张白度的基础，浆料白度越高，纸张白度越高，反之亦然。通过对比竹纸与皮纸的颜色就能明显看出，皮纸颜色普遍为白或浅黄，竹纸颜色普遍为黄或棕黄。纸浆在沤料、蒸煮、晒滩、筛选、冲洗、榨料等过程中，杂细胞、木质素等去除得越干净，纸张白度越高。纸张的二次加工、表面填料也会对白度造成一定的影响。厚薄度是影响透明度的重要因素，对纸张白度影响不大。纤维长度是衡量浆料质量的一个重要指标，打浆度越高，越增加纤维的结合力。而随着打浆度的提高，纸张撕裂度会下降，主要原因是纤维平均长度降低。因此，提高打浆度，能增加纸张的平滑度、挺硬度、紧度和收缩度，同时也会降低纸张撕裂度和松厚度。匀度也会受打浆度的影响，越高的打浆度，纤维越细、越柔软，抄出来的纸张越均匀，当然，抄纸师傅的抄纸技术也会影响纸张的匀度和厚度。

1. 皮纸的检测

选择日本灰煮典具帖、贵州丹寨石桥黔山皮纸、德承贡纸坊皮纸、安徽潜山皮纸共 19 种皮纸或皮混纸进行检测。从纸张外观性质、物理化学性质检测皮纸的纤维、白度、匀度、抗水性、厚度、紧度、pH 值等。

日本皮纸典具帖

贵州丹寨石桥黔山皮纸

德承贡纸坊皮纸

安徽潜山皮纸

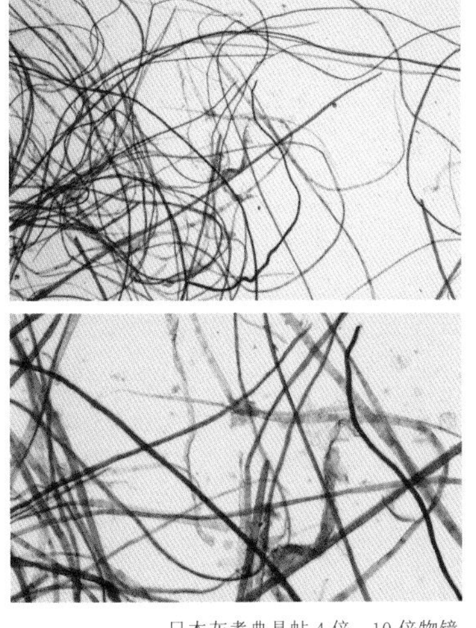

日本灰煮典具帖 4 倍、10 倍物镜

从日本皮纸灰煮典具帖纤维图可以看到纸张样品纤维纯净，杂质少，纯桑皮纤维，纤维长度较长，呈深酒红色，有明显横截纹，胶衣完整明显；10 倍物镜下，有次生韧皮部射线细胞，呈串状出现；草酸钙晶体和无定型蜡状物少；从物理特性和分散纤维观察，它是所有检测样品中表现最好的皮纸纸样。

北京德承贡纸坊中六个品类皮纸是所有检测皮纸试样中整体纤维杂质（非纤维絮状物）较多的纸样，可能与后期加工或筛洗程度有关；其中胶衣明显的是大构皮纸、桑皮纸、青檀皮纸、小构皮纸，前两者抗水性强，后两者抗水性一般。小构皮纸与大构皮纸纤维形态类似，却呈现出不同的抗水性，原因可能与厚薄、是否加工或植物特性有关，还需更多实验才能有所论证。

大构皮纸纤维图：纤维杂质多，纯大构纤维，纤维长度较长，呈深酒红色，横截纹不明显，胶衣完整明显，草酸钙晶体多。

青檀皮纸纤维图：分散纤维过程中，同宣纸一样不易分散；样品为纯青檀皮纤维，纤维长度较长，呈浅酒红色，横截纹不明显，胶衣完整明显，草酸钙晶体和杂质较多。

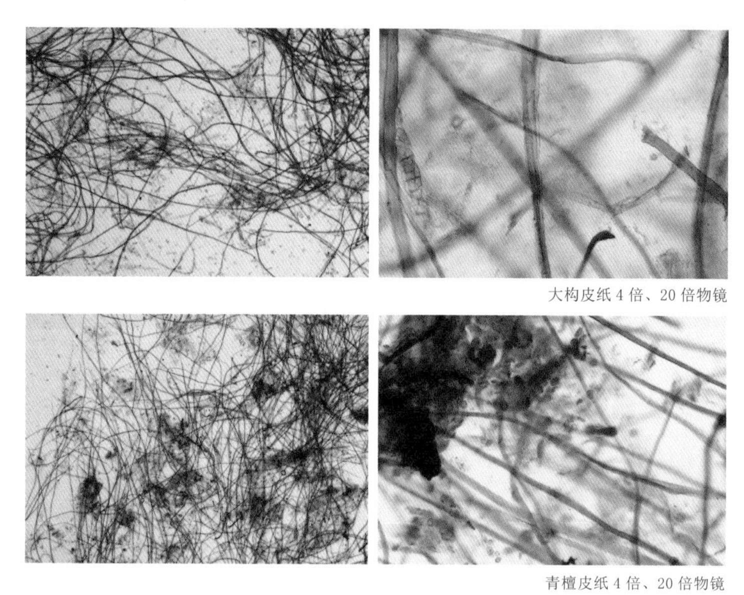

大构皮纸 4 倍、20 倍物镜

青檀皮纸 4 倍、20 倍物镜

三桠皮纸纤维图：样品为纯三桠纤维，纤维长度较长，呈黄色；横截纹间隔大，呈浅红色凸起状，胶衣没有桑皮、构皮类明显；整体纤维杂质（非纤维絮状物）较多。

雁皮纸纤维图：样品为纯雁皮纤维，纤维长度较长，呈黄色；与三桠纤维类似，也有浅红色凸起横截纹，20 倍以上物镜观测下明显；与竹纤维趋近，但两端没有竹纤维尖细，比竹纤维纤维长度长；胶衣与三桠皮纤维相似，没有桑皮、构皮类明显；整体纤维杂质（非纤维絮状物）较多。

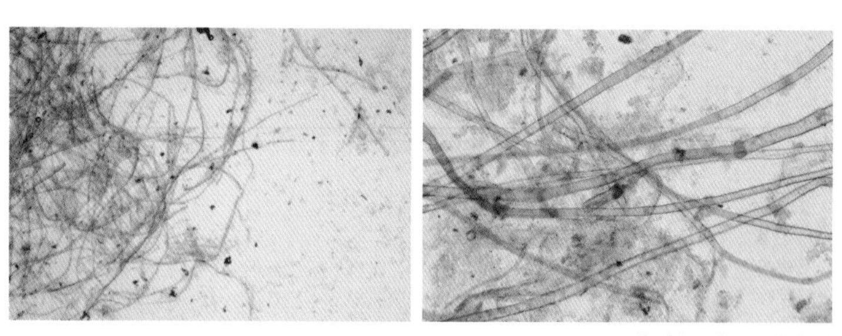

三桠皮纸 4 倍、20 倍物镜

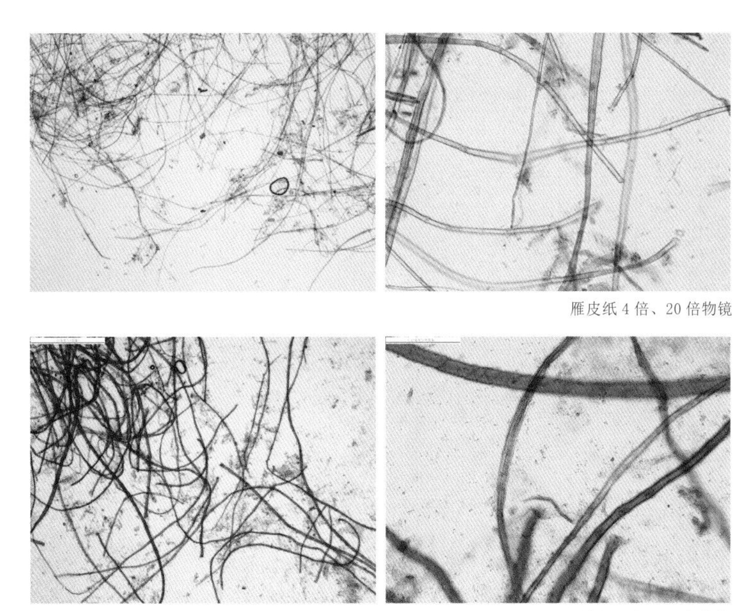

雁皮纸 4 倍、20 倍物镜

桑皮纸 4 倍、20 倍物镜

桑皮纸纤维图：样品为纯桑皮纤维，纤维长度较长，呈深酒红色；10倍以上物镜横截纹明显；胶衣明显；草酸钙晶体和无定型蜡状物少见；整体纤维杂质（非纤维絮状物）较多。

小构皮纸纤维图：小构皮纤维形态与大构类似。

贵州丹寨石桥黔山皮纸系列在皮纸类检测中，纯净度等方面仅次于日本灰煮典具贴。此次检测选择了四个品种：贵州丹寨石桥黔山皮纸迎春纸001-1 号、迎春纸 001-2 号、迎春纸 002 号、迎春纸 006 号。四种纸样纤维图特征：纯桑皮纤维，呈深酒红色，样品纤维较纯净，杂质少，纤维长度较长，有明显横截纹，胶衣完整明显；10 倍物镜下，有少量次生韧皮细胞；草酸钙晶体和无定型蜡状物少；与日本灰煮典具贴相比，在加固古旧书画纸张上，性价比更高。

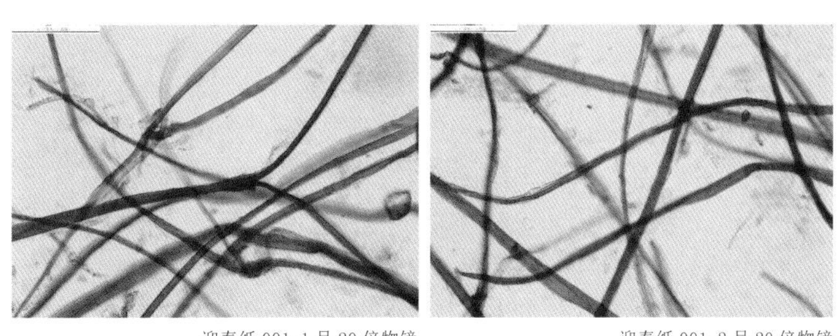

迎春纸 001-1 号 20 倍物镜

迎春纸 001-2 号 20 倍物镜

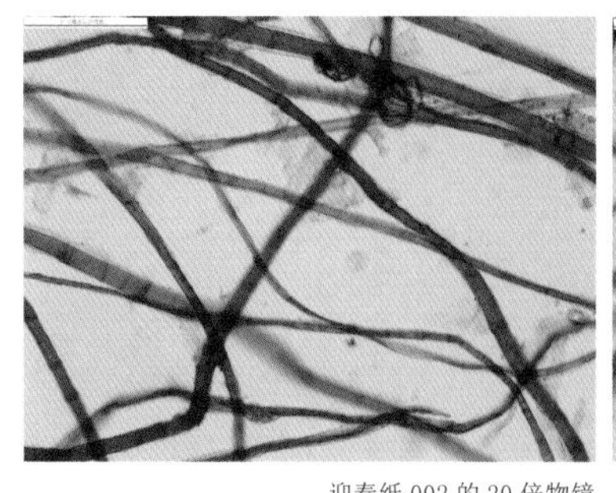

迎春纸 002 的 20 倍物镜

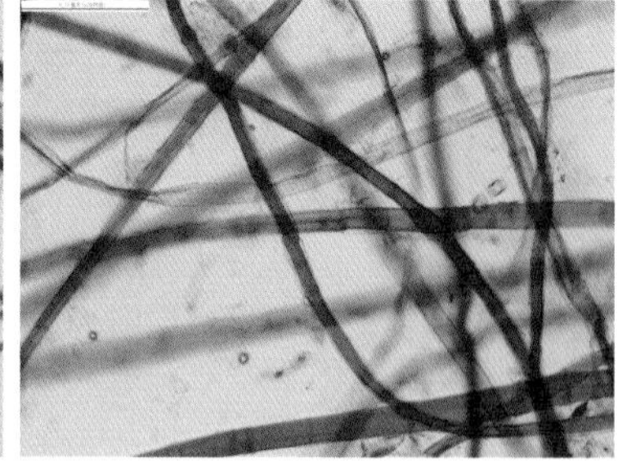

迎春纸 006 的 20 倍物镜

安徽潜山皮纸系列选择了五个品种，有纯皮纸、皮竹混料，也有皮草混料。潜山皮纸种类较多，用于修复也比较多，加固溜口的薄皮纸就有好几个厚薄不同的品种。安徽潜山皮纸总体皮纤维都较长，较纯净，杂细胞多。

薄皮纸纤维图：纯桑皮纤维，呈深酒红色，样品纤维较纯净，杂细胞多，纤维长度较长，有明显横截纹，胶衣完整明显；偶见草酸钙晶体，无定型蜡状物少。

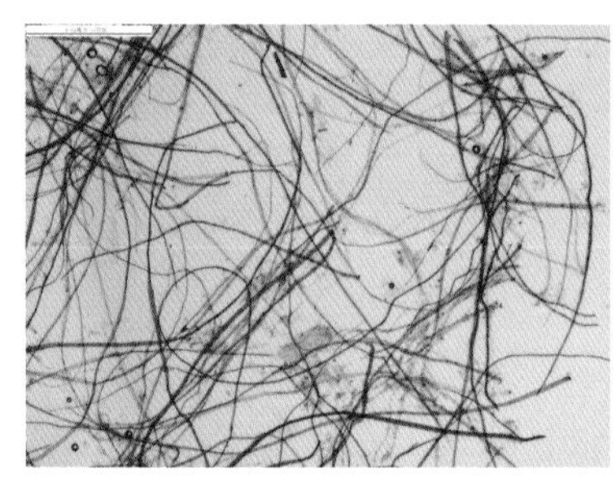

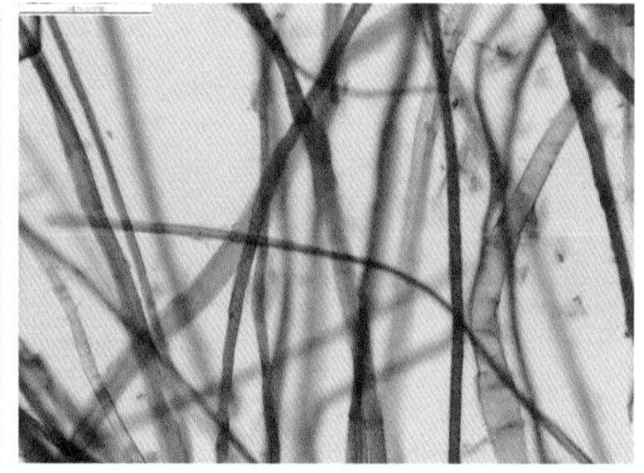

薄皮纸 4 倍、20 倍物镜

超薄皮纸纤维图：整体纤维由纯皮纤维组成，呈黄色，猜测为雁皮或者三桠皮纤维类；纤维长度长短相间，有明显横截纹，胶衣不明显；样品纤维较纯净，杂细胞多。

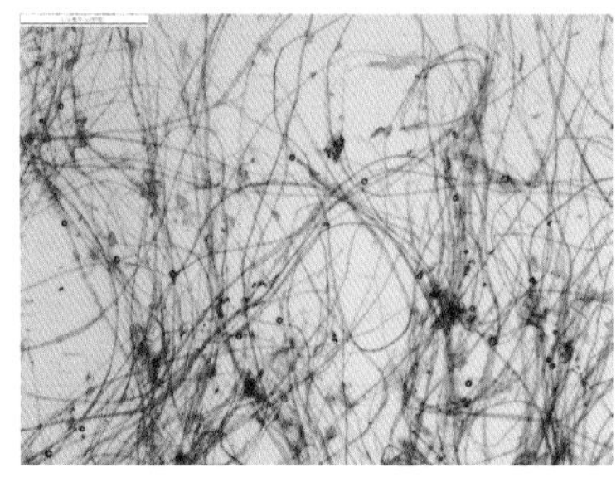

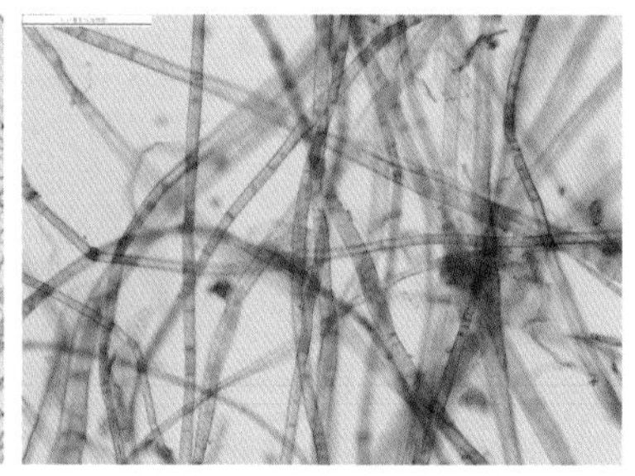

超薄皮纸 4 倍、20 倍物镜

草加桑皮罗纹纸纤维图：整体纤维由草、桑皮纤维组成，呈深酒红色，纤维长短相间，有明显横截纹，胶衣完整明显；样品纤维较纯净，杂细胞多。

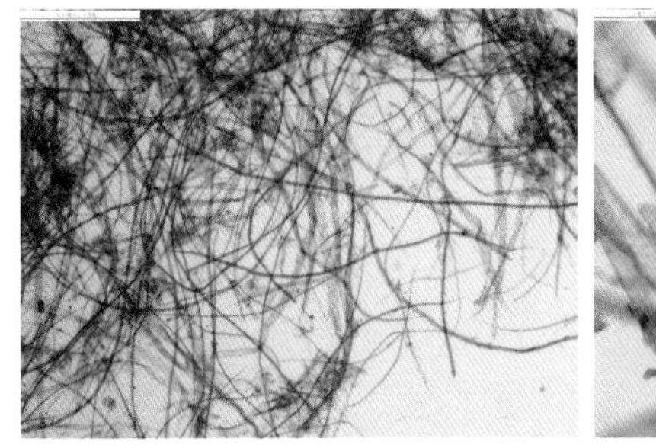
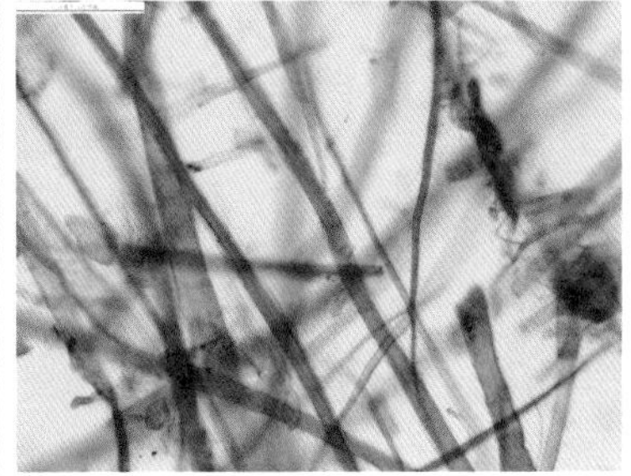

草加桑皮罗纹纸 4 倍、20 倍物镜

草皮 4 号纤维图：整体纤维由草、皮纤维组成，呈红紫色，纤维长的皮纤维和纤维短的草纤维长短相间；皮纤维有明显横截纹，胶衣不明显；锯齿状草纤维特征明显；样品纤维较纯净，杂细胞多。

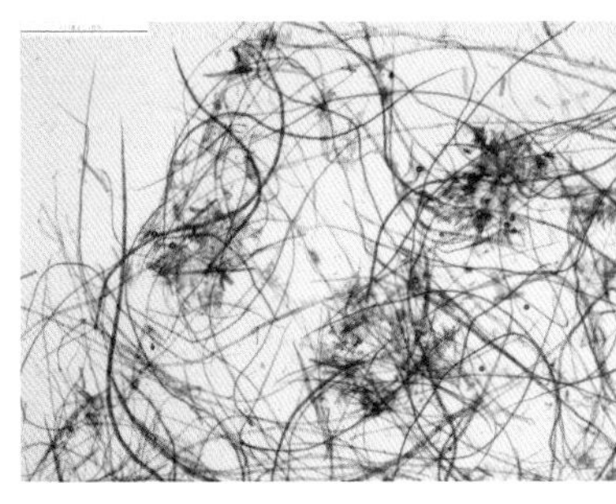
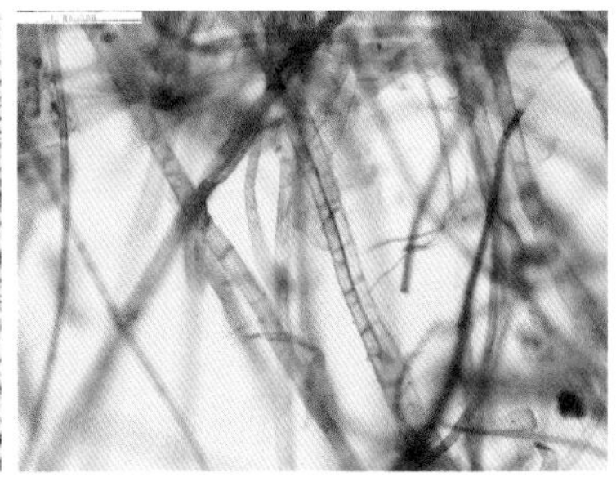

草皮 4 号 4 倍、20 倍物镜

竹皮 1 号纤维图：整体纤维由竹、皮纤维组成，呈深红紫色，间杂黄色；纤维长度长短相间，有明显横截纹，胶衣明显；样品纤维较纯净，杂细胞极多。

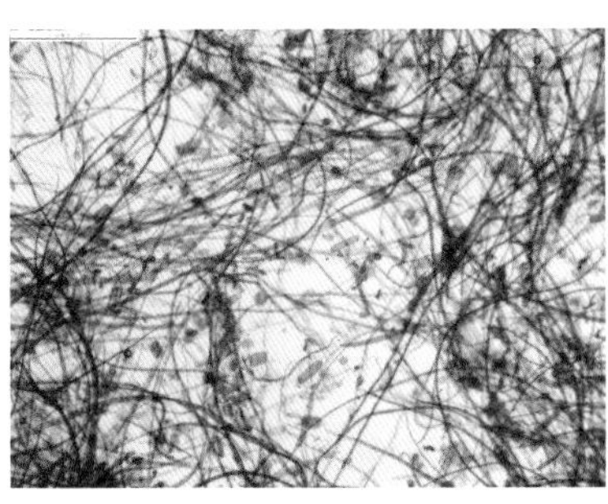
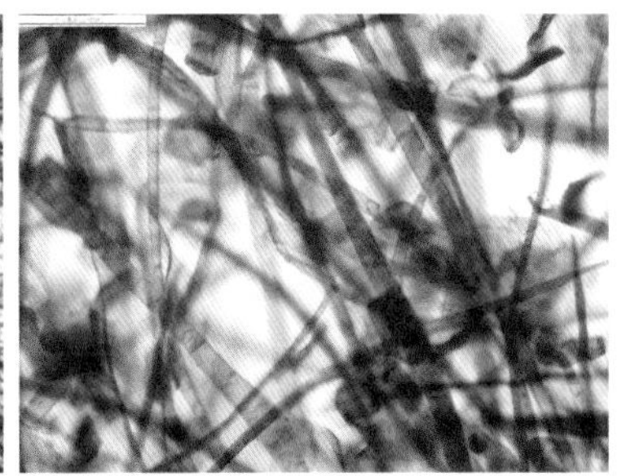

竹皮 1 号，4 倍、20 倍物镜

表 1　日本典具帖外观性质检测

名称	纤维种类	颜色	白度	匀度	杂质	手感（正 / 反）	抗水性	帘纹
灰煮典具帖	皮纸	白	76.6	良好	极少	平滑	强	不明显

表 2　北京德承贡纸坊皮纸外观性质检测

序号	名称	纤维种类	颜色	白度	匀度	杂质	手感（正 / 反）	抗水性	帘纹
1	雁皮	皮纸	浅黄	49.3	一般	极少	平滑	一般	不明显
2	大构	皮纸	浅黄	65.8	一般	少	平滑 / 粗糙	强	不明显
3	青檀	皮纸	浅褐黄	24.9	一般	少	平滑 / 粗糙	一般	不明显
4	小构	皮纸	浅黄	45.4	一般	极少	平滑 / 一般	一般	不明显
5	三桠	皮纸	浅黄	46.6	一般	极少	平滑	一般	不明显
6	桑皮	皮纸	浅黄	47.1	一般	多	平滑 / 粗糙	强	不明显

表 3　贵州丹寨石桥黔山皮纸外观性质检测

序号	名称	纤维种类	颜色	白度	匀度	杂质	手感（正 / 反）	抗水性	帘纹（cm）
1	迎春纸 001-1 号	皮纸	灰白	43.8	良好	少	平滑	强	不明显
2	迎春纸 001-2 号	皮纸	灰白	44.0	一般	少	平滑	强	不明显
3	迎春纸 002 号	皮纸	浅黄	51.9	良好	少	平滑	强	不明显
4	迎春纸 006 号	皮纸	灰黄	31.5	一般	极少	一般	一般	不明显

表 4　安徽潜山皮纸外观性质检测

序号	名称	纤维种类	颜色	白度	匀度	杂质	手感（正 / 反）	抗水性	帘纹（cm）
1	纯皮 4 斤	皮纸	白	71.6	差	少	平滑	强	不明显
2	10 年前造皮纸	皮纸	白	62.6	一般	多	平滑 / 一般	强	不明显

续表

3	薄皮纸	桑纸	白	66.7	良好	少	平滑	差	1.5
4	超薄皮纸	皮纸	白	68.5	差	少	平滑	差	不明显
5	竹皮1号	皮竹	米白	54.1	一般	极少	平滑	差	1.5
6	竹皮2号	皮竹	米白	46.1	良好	极少	平滑	一般	1.8
7	竹皮4号	皮草	浅褐	33.4	一般	少	平滑	一般	1.5
8	草加桑皮罗纹	皮草	白	75.8	良好	少	一般	强	0.5

表5　日本典具帖物理化学性质检测

名称	W 定量 g/ m²	T 厚度 /mm	D 紧度 g/cm³	V 松厚度 cm³ /g	18°C表面 pH 值	纵向耐折度（2 次 /9.81N，默认 9.81N）	4 层耐撕裂度（F 撕裂度为 mN；X 撕裂指数为 mN· m²/g）
灰煮典具帖	7.8	0.03	0.26	3.85	6.6	4.91N Min: 137 Max: 584 ave: 361	F=145.5 X=18.65

表6　北京德承贡纸坊皮纸物理化学性质检测

序号	名称	W 定量 g/ m²	T 厚度 /mm	D 紧度 g/cm³	V 松厚度 cm³ /g	18°C表面 pH 值	纵向耐折度（2 次 /9.81N，默认 9.81N）	4 层耐撕裂度（F 撕裂度为 mN；X 撕裂指数为 mN· m²/g）
1	雁皮	13.9	0.045	0.31	3.24	6.8	Min: 113 Max: 124 ave: 119	F=131.0 X=8.427
2	大构	35.1	0.09	0.39	2.56	5.7	Min: 78 Max: 87 ave: 83	2 层 F=535.3 X=15.25
3	青檀	28.2	0.08	0.35	2.84	6.0	Min: 89 Max: 142 ave: 66	F=289.1 X=10.25
4	小构	18.3	0.055	0.33	3.01	6.0	Min: 64 Max: 72 ave: 68	F=360.3 X=19.690
5	三桠	22.6	0.065	0.35	2.88	6.8	Min: 179 Max: 349 ave: 264	2 层 F=506.6 X=22.418
6	桑皮	22.3	0.08	0.28	3.59	5.8	Min: 234 Max: 349 ave: 236	F=281.9 X=12.643

表 7　贵州丹寨石桥黔山皮纸物理化学性质检测

序号	名称	W 定量 g/ m²	T 厚度 /mm	D 紧度 g/cm³	V 松厚度 cm³ /g	18°C表面 pH 值	纵向耐折度（2 次 /9.81N，默认 9.81N）	4 层耐撕裂度（F 撕裂度为 mN; X 撕裂指数为 mN· m² /g）
1	迎春纸 001-1 号	4.6	0.03	0.15	6.52	6.7	9.81N/4.91N 均拉裂，因纤维长未断开	F=29.5 X=6.419
2	迎春纸 001-2 号	6.9	0.042	0.16	6.09	6.6	9.81N/4.91N 均拉裂，因纤维长未断开	F=145.5 X=21.083
3	迎春纸 002 号	10.4	0.035	0.30	3.37	6.0	9.81N/4.91N 均拉裂，因纤维长未断开	F=324.8 X=31.226
4	迎春纸 006 号	17.8	0.07	0.25	3.93	6.2	Min: 15 Max: 24 ave: 20	2 层 F=1198.9 X=67.357

表 8　安徽潜山皮纸物理化学性质检测

序号	名称	W 定量 g/ m²	T 厚度 /mm	D 紧度 g/cm³	V 松厚度 cm³ /g	18°C表面 pH 值	纵向耐折度（2 次 /9.81N，默认 9.81N）	4 层耐撕裂度（F 撕裂度为 mN; X 撕裂指数为 mN· m² /g）
1	纯皮 4 斤	19.3	0.14	0.14	7.25	6.9	Min: 13 Max: 59 ave: 36	2 层 F=189.7 X=9.830
2	10 年前造皮纸	15	0.045	0.33	3.00	6.9	14.72N Min:1 Max:59 ave:19	F=195.9 X=13.060
3	薄皮纸	8.1	0.03	0.27	3.70	6.9	9.81N/4.91N 均拉裂，因纤维长未断开	F=123.8 X=15.284
4	超薄皮纸	5.3	0.02	0.27	3.77	6.9	9.81N/4.91N 均拉裂，因纤维长未断开	F=36.8 X=6.944
5	竹皮 1 号	19.9	0.055	0.36	2.76	7.2	9.81N/4.91N 均断裂	F=73.1 X= 3.674
6	竹皮 2 号	15.9	0.05	0.32	3.14	6.9	9.81N/4.91N 均断裂	F=116.6 X=7.332
7	草皮 4 号	13.5	0.04	0.34	2.96	6.9	9.81N/4.91N 均断裂	F=51.3 X=3.803
8	桑皮罗纹	31.8	0.08	0.40	2.52	6.9	9.81N/4.91N 均断裂	F=138.3 X=4.348

通过各项仪器检测以及制作表格可以发现，匀度良好的有日本灰煮典具帖、贵州丹寨石桥黔山皮纸迎春纸系列 001-1 号和 002 号、安徽潜山薄

皮纸、安徽潜山竹皮2号、安徽潜山草加桑皮罗纹纸。日本灰煮典具帖整体而言是19种皮纸中表现最好的，纤维结合力高，只有极少杂质，且为纯皮纸，纵向耐折度和4层撕裂度表现均较好。此次检测的皮纸正反手感相差都比较大，特别是北京德承贡纸坊皮纸，这与其表面经过二次加工处理有关。

依据表格数据可发现，日本灰煮典具帖抗水性排第一，其次是德承贡纸大构纸和德承贡纸桑皮纸，之后是贵州迎春纸001-1号、001-2号、002号，以及安徽潜山纯皮4斤、安徽潜山10年前造皮纸，这几种皮纸的抗水性能一样，都还不错；剩余的皮纸抗水性能则一般，接近福建竹纸的抗水性能。

纸张的耐折度很大程度上受纤维长度的影响，越长的纤维，耐折度越高，同时一定的纤维结合力有利于提高耐折度。高打浆度条件下，增加纤维的柔韧性，能有效提高纸张耐折度。此外，杂细胞越少，长纤维越多，脆性越低，因此纤维较长的皮纸，其伸长率也较大，在作用力相同的情况下，越薄的纸张，进行耐折度测试时，纸张先发生应变而不宜断裂。比如我们测试的厚度小于等于0.04mm，紧度小于等于0.3g/cm³，松厚度大于等于3cm³/g的贵州迎春纸001—002号系列、安徽潜山薄皮纸、超薄皮纸在9.81N/4.91N力道下均被拉裂，但因纤维长而未彻底断开，一旦皮纸厚度增加，伸长率也更大，柔韧性也会更强。进行耐折度测试时，同样厚度、紧度、松厚度满足以上条件的日本灰煮典具帖，仍能够在4.91N的力道下折叠多次，良好的匀度与极少的杂质能提高纸纤维的韧性，降低脆性，使之有更好的耐折度。

4层撕裂度测试方面，夹宣、皮纸在三类纸中撕裂度测试较为优秀，撕裂度指数普遍在10以上。而对德承贡纸大构皮纸、德承贡纸三桠皮纸、贵州迎春纸006号、安徽潜山纯皮4斤纸4种厚度均在0.07mm以上的皮纸进行撕裂度测试时，撕裂层数需要随之降低至两层，否则无法撕裂，可见达到一定厚度的纸样，其纤维长度较高，键合力强，表面强度大。

各地所用抄纸竹帘在尺寸、精细程度上有所差异，主要是帘纹宽窄、竹丝粗细及排列规律的变化。抄纸竹帘一般每厘米11至12根竹丝，最细的竹丝能达到每厘米17至18根。贵州的迎春纸系列因其纸张帘纹不明显，且迎春纸006号纸上有明显布纹，猜测其抄纸帘为布帘。德承贡纸系列帘纹不规律，与奉化竹纸系列、福建竹纸系列类似。

2. 竹纸的检测

选择江西铅山玉锦堂竹纸、江西铅山古法连四纸、浙江宁波奉化棠岙竹纸、福建长汀与连城竹纸、浙江富阳逸古斋竹纸共 26 种纸品进行检测。从纸张外观性质和物理化学性质检测纸张的纤维、白度、匀度、抗水性、厚度、紧度、pH 值等。

江西铅山玉锦堂竹纸

江西铅山古法连四纸

宁波奉化棠岙竹纸

福建长汀连城竹纸

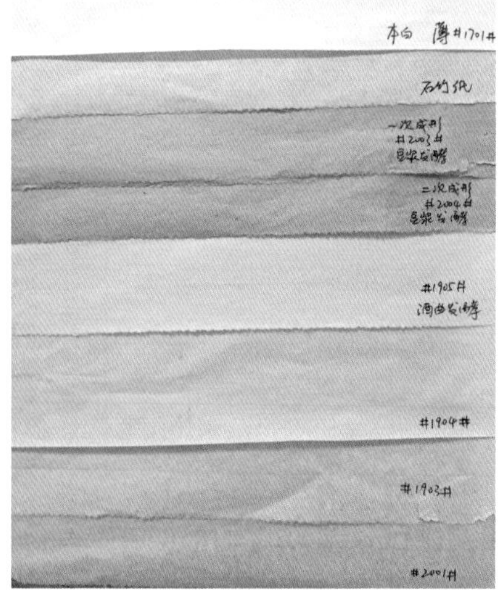

浙江富阳逸古斋竹纸

从江西铅山玉锦堂纸品中选择白毛边、黄毛边、细料 1 号、细料 2 号四种竹纸进行纤维检测，分析四种竹纸纤维图。

白毛边纤维图：纸样纤维长度适中，含两类纤维。一类纤维染色后呈黄色，平滑细直、较细短为竹纤维；另一类纤维较细短，含有锯齿状表皮细胞为草纤维；因不同纤维染色后呈色不同，整体显示为红紫色，杂质少，杂细胞较多。

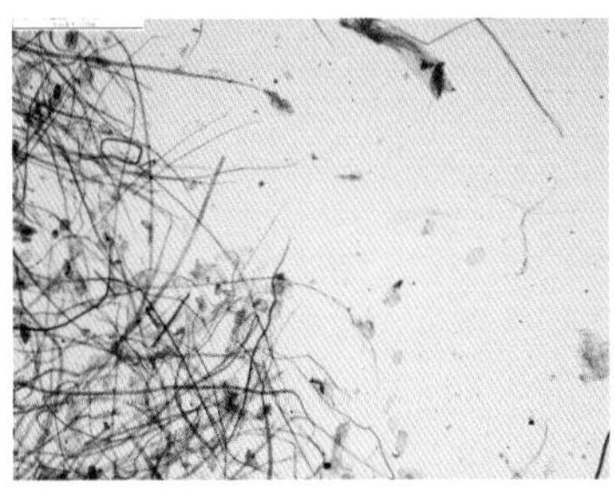
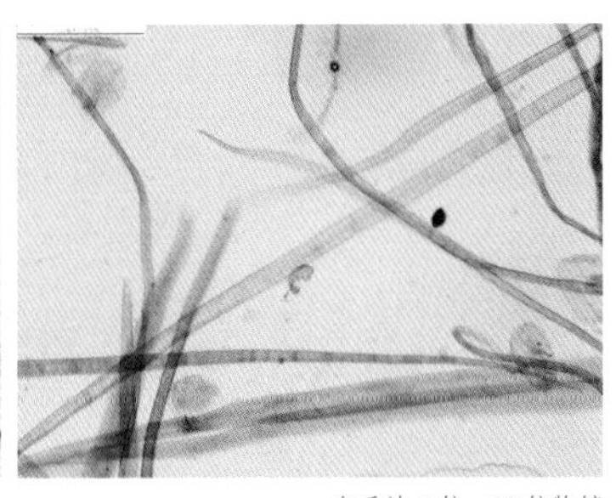

白毛边 4 倍、20 倍物镜

黄毛边纤维图：纤维形态与细料 1 号相似，主要为竹、草纤维，但该纸样纤维配比中黄色竹料纤维成分更高；纸样纤维较纯净，杂质少，杂细胞多，多为竹纤维薄壁细胞。

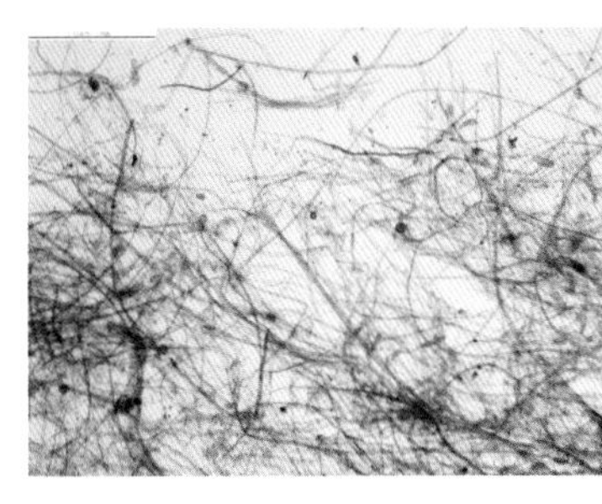
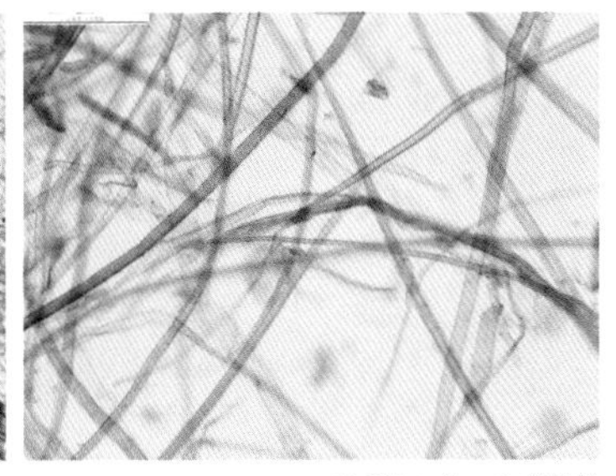

黄毛边 4 倍、20 倍物镜

细料 1 号纤维图：从分散纤维观测，纤维整体呈红紫色，以草、竹纤维为主；杂细胞数量适中，有同宣纸一样呈束状聚合；不定形蜡状物分布较多，可能为后期成纸做半生熟有关。

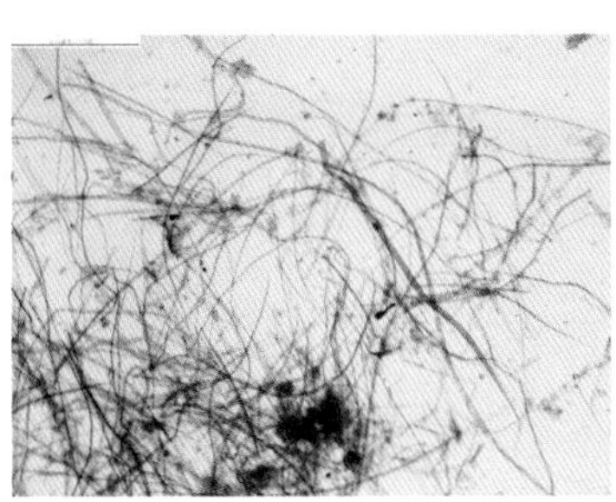
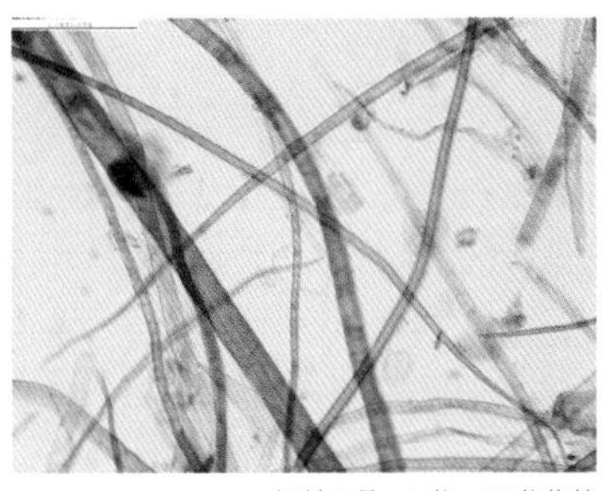

细料 1 号，4 倍、20 倍物镜

细料 2 号纤维图：纯竹料纤维，纤维壁较厚，纤维腔径小；杂细胞较多，有明显导管细胞，在显微镜下呈粗大的波浪网状结构；薄壁细胞数量多，呈半透明色。

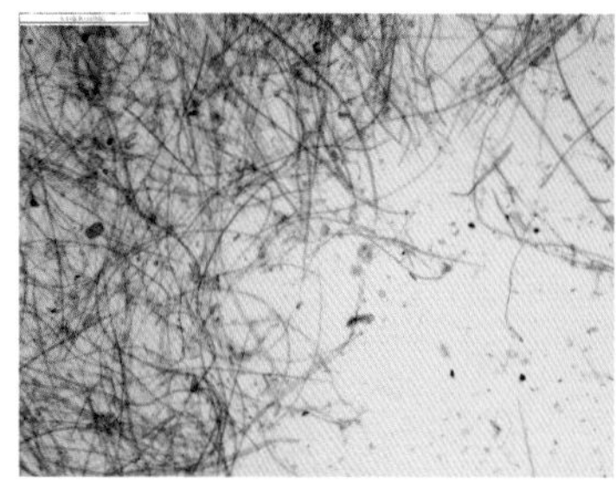
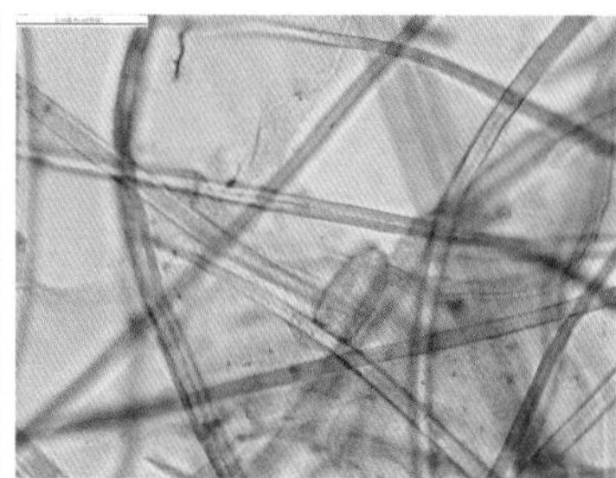

细料 2 号，4 倍、20 倍物镜

江西铅山古法连四纸系列是手工造竹纸生产工艺较高的连四竹纸。纸张光滑度、匀度都较好，通过纤维观察，这里选择的五种纸品打浆度和筛洗程度都较高。其中，古法连四纸与连四纸，纤维较纯净，杂质少，杂细胞多。表现在物理特性上，只有毛太纸抗水性强，古法修复纸、大幅面修复纸、古法连四纸、连四纸抗水性都差。

大幅面修复纸纤维图：整体纤维呈现淡酒红色，同汪六吉宣纸类似，纤维不易分散，4 倍物镜下纤维呈聚合状，夹杂部分束状宽纤维细胞；纤维长短相间，有明显导管细胞；整体而言，纤维较纯净，杂质少，杂细胞少。

古法修复纸纤维图：整体纤维与大幅面修复纸纤维形态极其相似；在分散纤维过程中，同汪六吉宣纸相似，纤维不易分散；纤维呈现淡酒红色，长、短相间，竹、草混料，纤维较纯净，杂质少，杂细胞少。

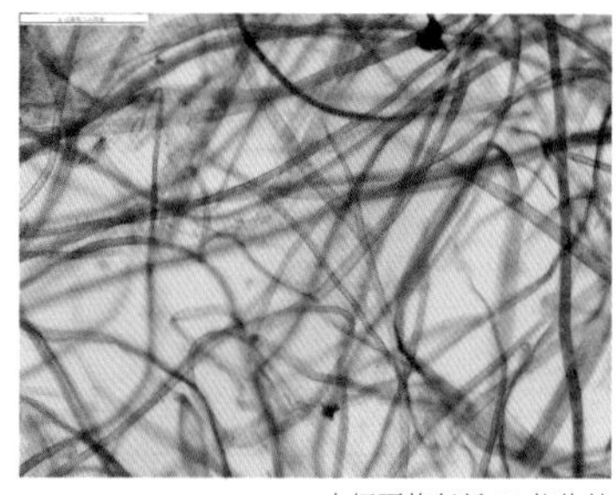
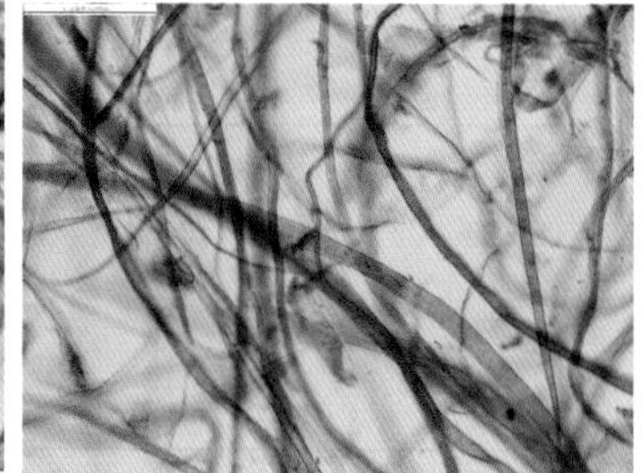

大幅面修复纸 20 倍物镜

古法修复纸 20 倍物镜

毛太纸纤维图：纤维较纯净，杂质少，杂细胞少，打浆度和筛洗程度较高；纯竹料纤维，颜色呈现漂亮的金黄色，平滑细直，弯曲度小，纤维两端平直尖细；20 倍、40 倍物镜下观测到有宽度与纤维宽度一致的网壁细胞聚合。

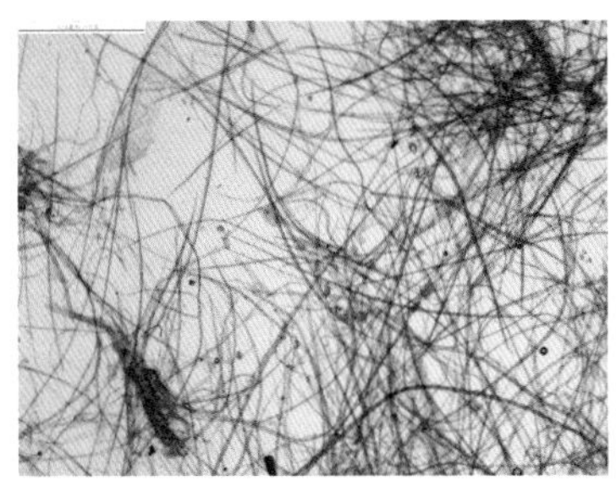
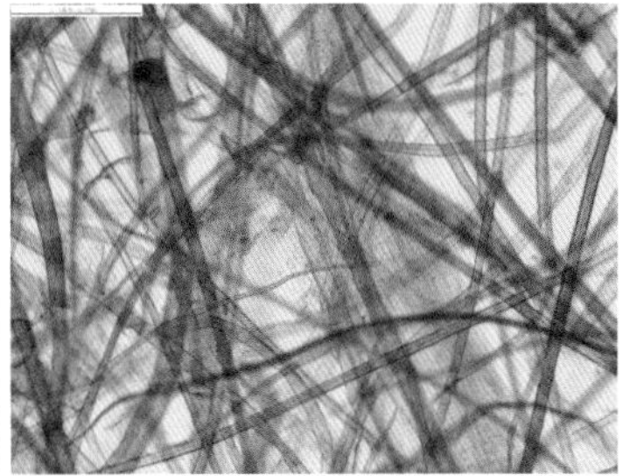

毛太纸，4 倍、20 倍物镜

古法连四纸纤维图：整体纤维呈现淡酒红色，纤维长短相间，竹草混料，与大幅面修复纸纤维形态类似；纤维较纯净，杂质少，杂细胞多。连四纸纤维图，整体纤维与古法连四纸纤维形态极其相似。

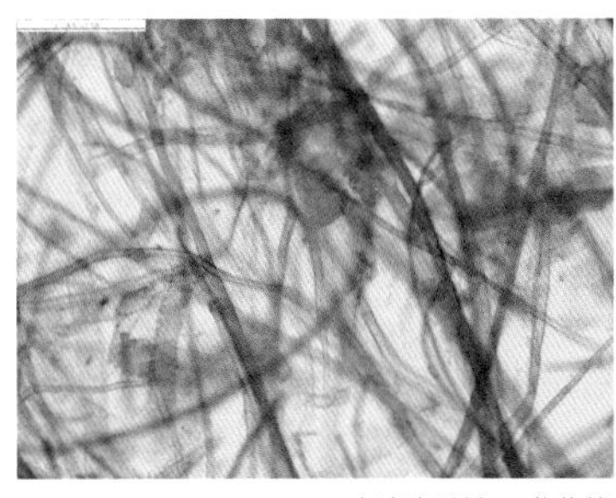
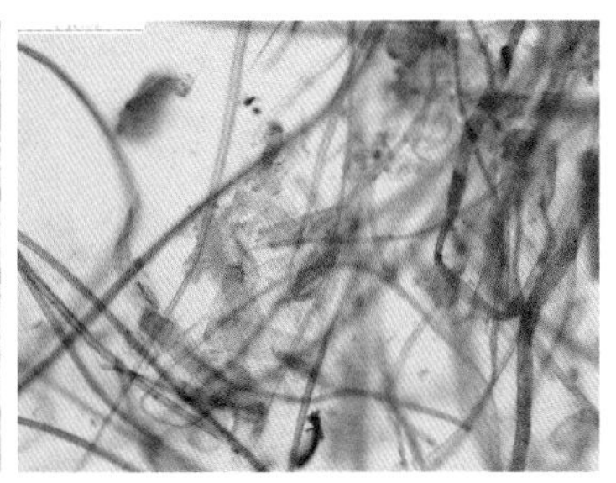

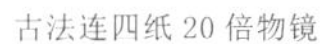
古法连四纸 20 倍物镜

连四纸 20 倍物镜

宁波奉化棠岙竹纸系列整体无定型，蜡状物较多，除本白 1 号外，其余表现为抗水性强。奉化棠岙竹纸整体纤维纯净，杂质少，适合作为古籍修复用纸。本次检测的奉化棠岙竹纸纤维大多相似，此次选择四种纤维图列举。

本白 1 号纤维图：纤维整体呈淡酒红色，竹纤维中混有皮料纤维；杂细胞数量与黄竹纸类似，该纸样颜色倾向于红色，黄竹纸倾向于黄色；整体纤维纯净，杂质少，杂细胞多；无定型蜡状物较多。

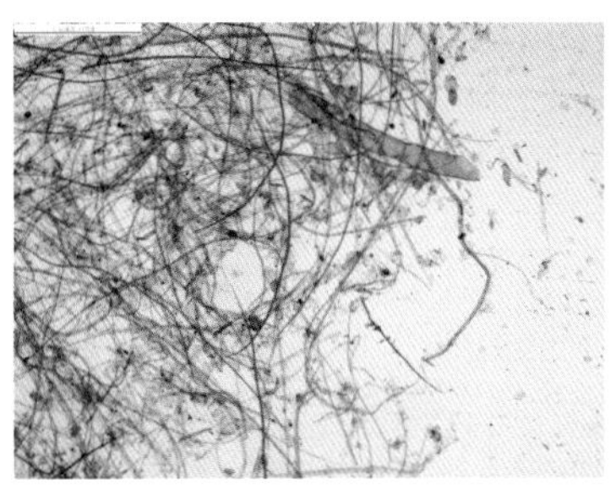
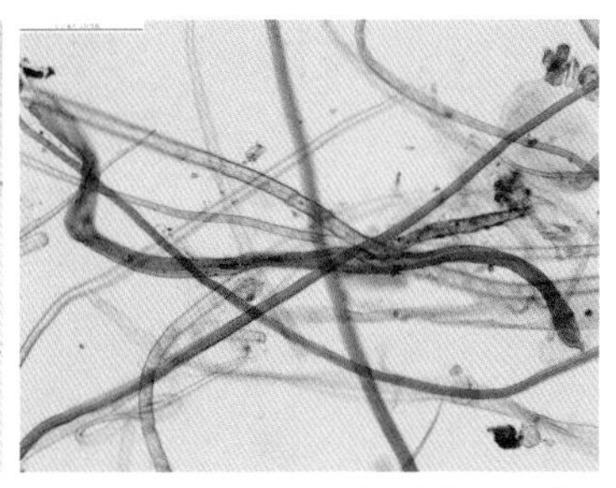

本白 1 号，4 倍、20 倍物镜

本白2号纤维图：纤维整体与本白1号类似，呈淡酒红色，为皮、竹混料；整体纤维纯净，杂质少，杂细胞比本白1号少；无定型蜡状物较多。

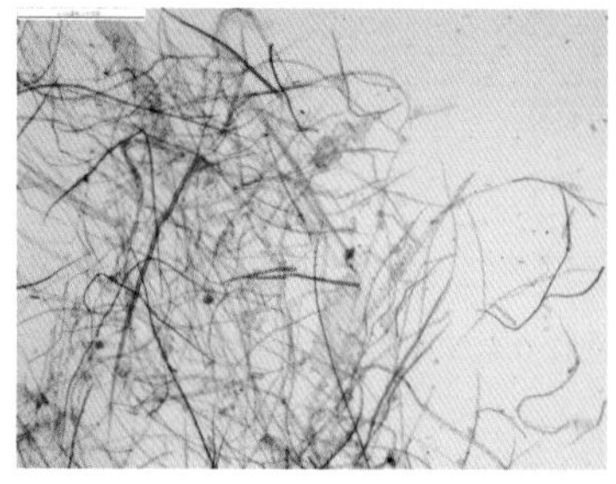
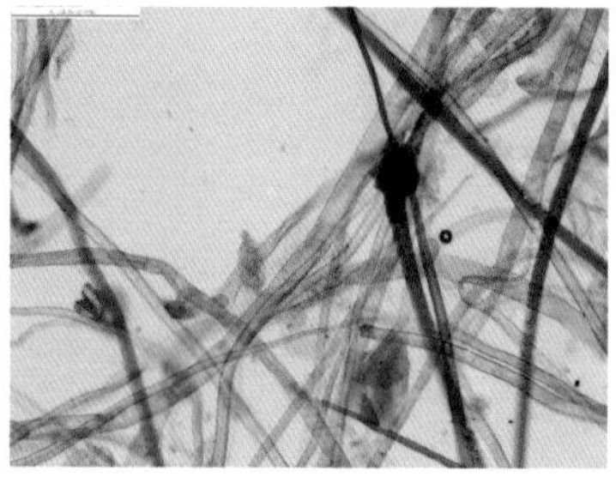

本白2号，4倍、20倍物镜

黄竹纸1号纤维图：整体呈现为橙色，纤维为皮、竹混料，竹料较多，杂质少，杂细胞多；皮纤维胶衣明显，无定型蜡状物较多。黄竹纸2号纤维图，与黄竹纸1号纤维形态相类似。

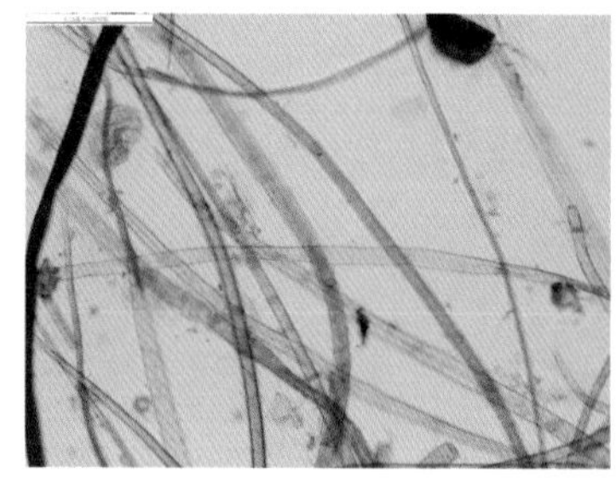
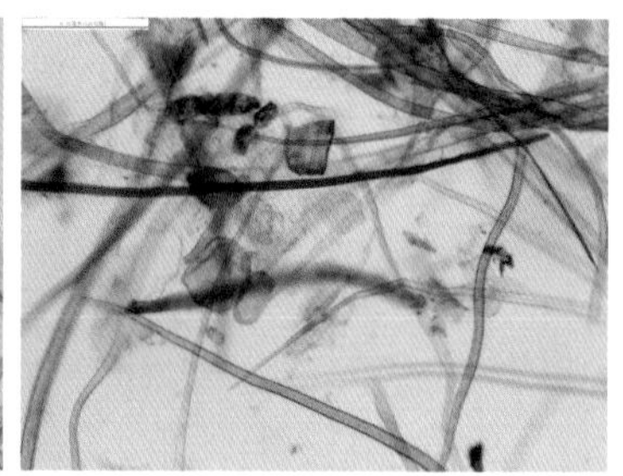

黄竹纸1号，20倍物镜　　黄竹纸2号，20倍物镜

福建竹纸纸样分别取了连城长汀两地的竹纸作为纸样进行纤维检测，福建竹纸大概因为加工工艺接近，用料接近，纸样纤维图也比较接近，这里选择部分纸样纤维图列举。

连城连史纸纤维图：该纸样纤维细、软、短，为草、竹混料；杂质多，杂细胞多。

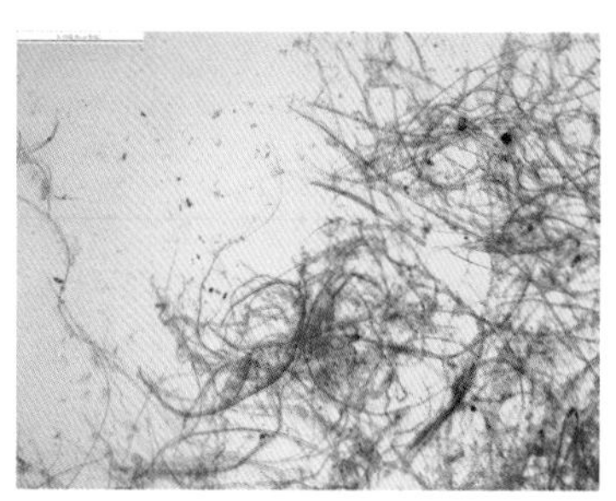
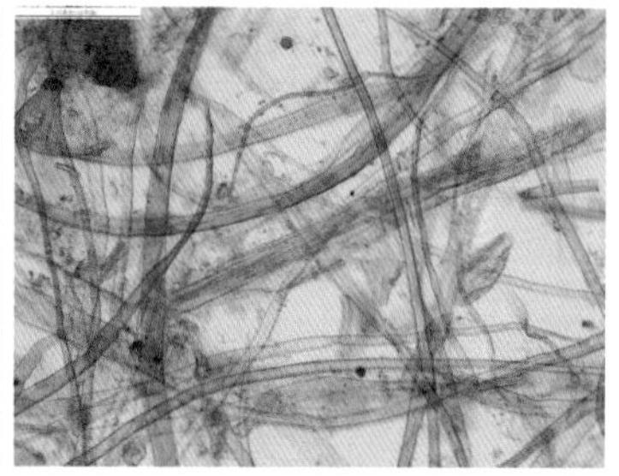

连城连史纸4倍、20倍物镜

连城古法纸纤维图：该纤维形态与连城连史纸类似，整体为草、竹混料，竹料较多；杂质少，杂细胞多。

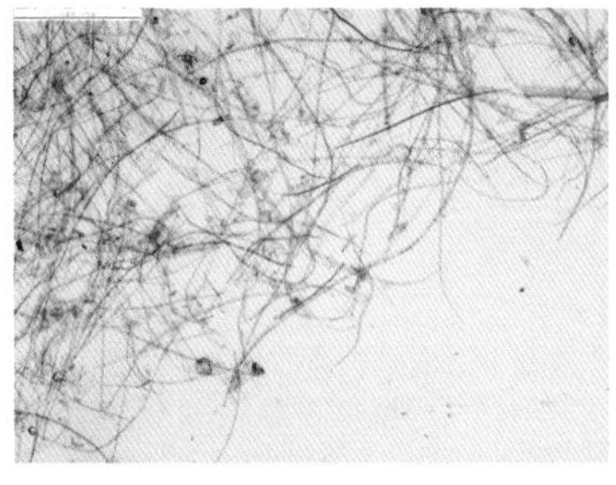
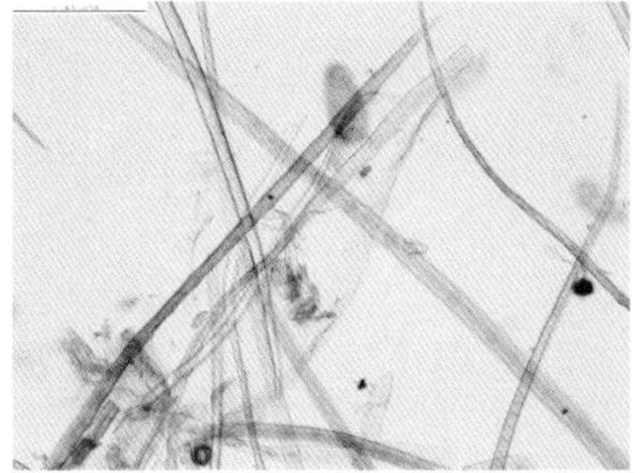

连城古法纸 4 倍、20 倍物镜

长汀玉版纸纤维图：该纸样纤维细、软，为草、竹混料，在黄色竹料上有部分较宽竹纤维；杂质少，杂细胞多。

长汀玉扣纸纤维图：该纸样纤维整体为竹、皮混料纤维，竹料较多，长纤维与短纤维相间；杂质少，杂细胞多。

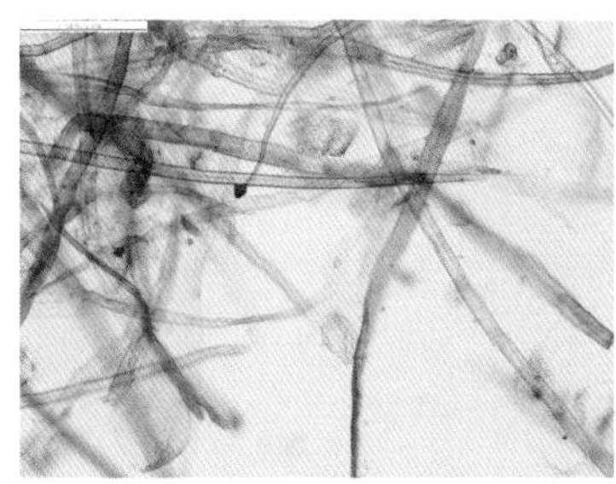
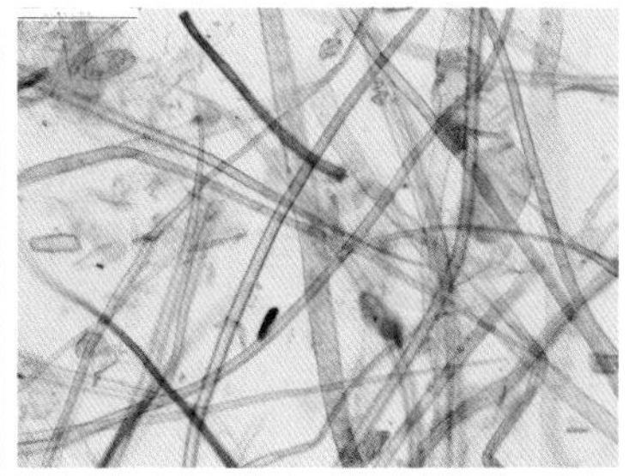

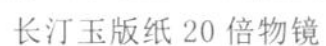

长汀玉版纸 20 倍物镜　　长汀玉扣纸 20 倍物镜

浙江富阳逸古斋竹纸品种较丰富，有毛竹纸，有苦竹纸，还有石竹纸；因发酵方式不同，有豆浆发酵纸，有酒曲发酵纸，还有竹皮混料纸。此处挑选部分纤维图列举。

本白 1701 号纤维图：整体呈现为深紫红色，纤维为竹纤维与皮纤维混合；杂质少，杂细胞多。

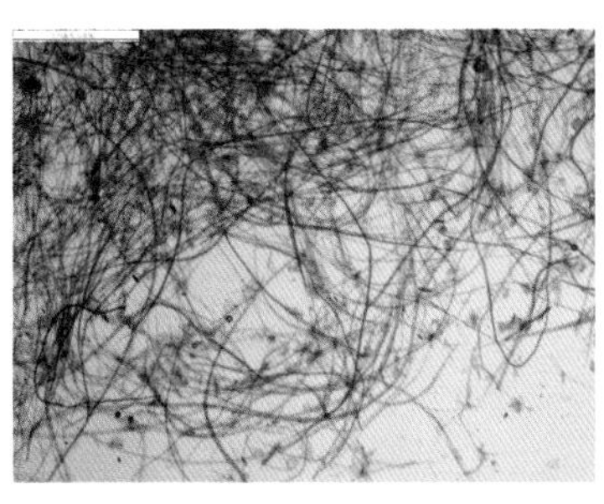
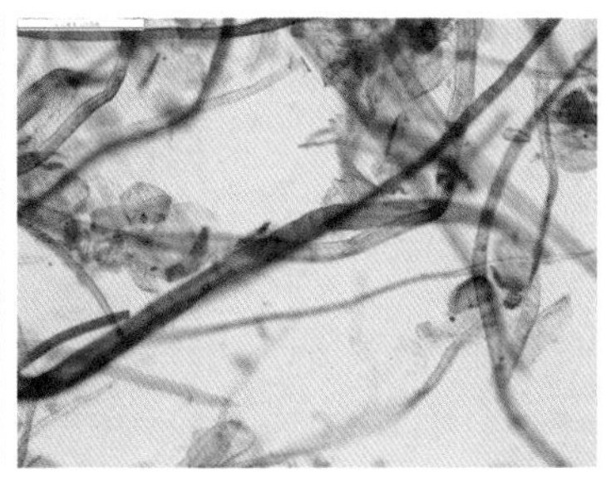

本白 1701 号，4 倍、20 倍物镜

原色 2001 号纤维图：整体纤维形态与本白 1701 号类似，呈现为深红紫色；纤维为竹、皮混料纤维，平滑细直，竹料较多；杂质少，杂细胞多。

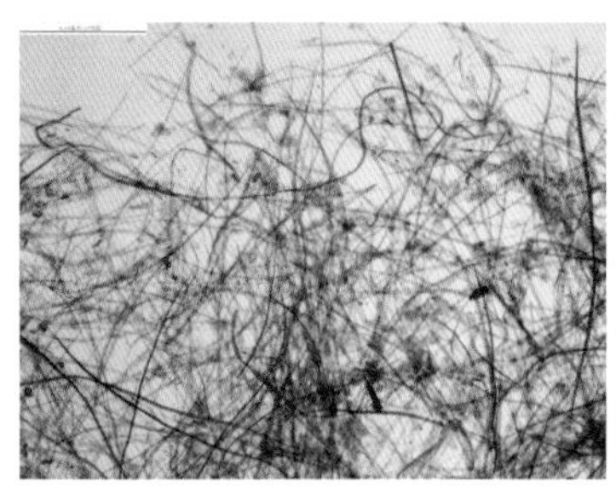
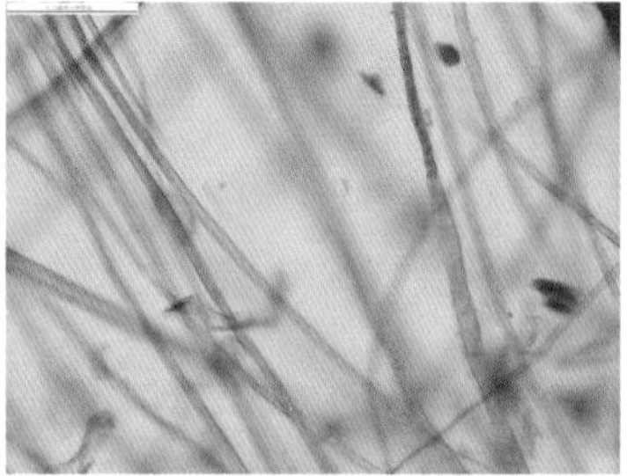

原色 2001 号，4 倍、20 倍物镜

豆浆发酵 2004 号纤维图：整体纤维为纯竹料，较为细软，呈现为黄色，杂质少，杂细胞适中；纤维检测过程中，纤维不易分散，4 倍物镜下纤维呈聚合状，纤维氢键结合度高。

酒曲发酵 1905 号纤维图：整体纤维为纯竹料，呈现为黄色，杂质少，杂细胞适中；酒曲发酵纸样染色后，竹纤维呈蓝紫色。

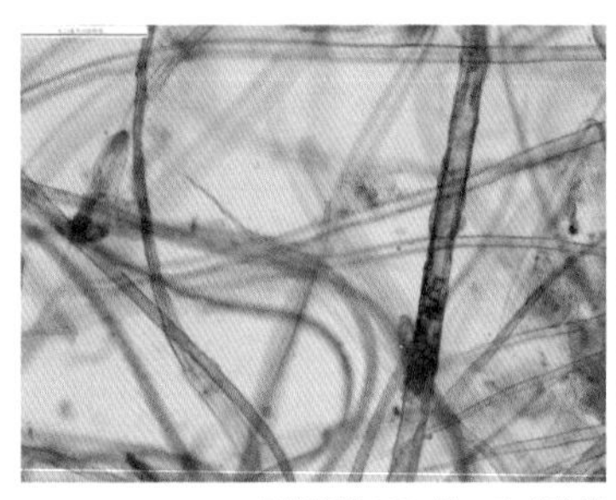

豆浆发酵 2004 号，20 倍物镜

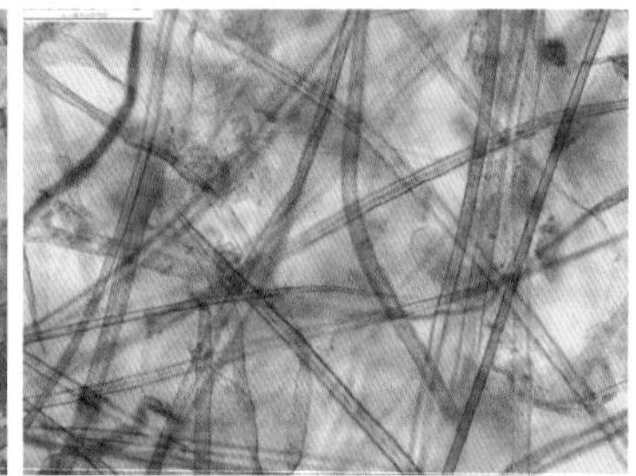

酒曲发酵 1905 号，20 倍物镜

石竹纸纤维图：该纸样为纯竹纸纤维，竹纤维特征与前面毛竹纤维有所不同，纤维分散均匀，呈现为黄色；整体纤维杂质少，杂细胞多。

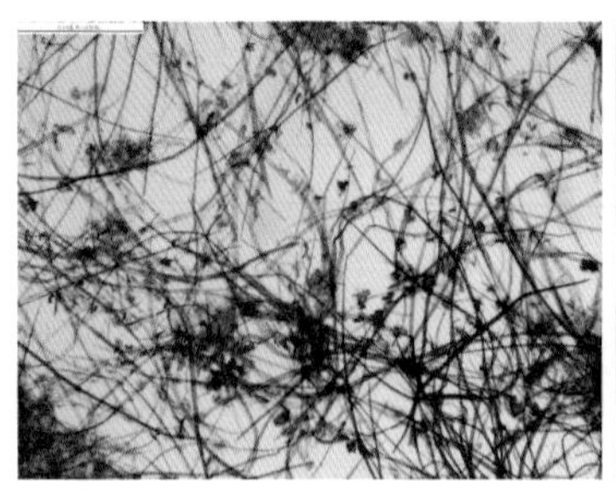

石竹纸 4 倍、20 倍物镜

表 9　江西铅山玉锦堂竹纸外观性质检测

序号	名称	纤维种类	颜色	白度	匀度	杂质	手感（正 / 反）	抗水性	帘纹（cm）
1	黄毛边纸	竹纸	黄	41.3	一般	多	平滑	一般	1.1
2	白毛边	竹纸	浅黄	48.0	一般	少	平滑	一般	1.1
3	细料1号	竹纸	黄	46.3	一般	少	平滑	一般	1.1
4	细料2号	竹纸	黄	39.6	一般	少	平滑	一般	1.1

表 10　江西铅山古法连史纸外观性质检测

序号	名称	纤维种类	颜色	白度	匀度	杂质	手感（正 / 反）	抗水性	帘纹（cm）
1	古法连四纸	竹纸	白	60.8	一般	极少	平滑	差	1.5
2	古法修复纸	竹纸	米白	55.6	一般	少	平滑	差	1.7
3	毛太纸	竹纸	黄	28.9	一般	少	平滑	强	1.7
4	大幅面修复纸	竹纸	灰	47.5	一般	少	平滑	差	1.4
5	连四纸	竹纸	白	68.8	良好	极少	平滑	差	1.8

表 11　宁波奉化棠岙竹纸外观性质检测

序号	名称	纤维种类	颜色	白度	匀度	杂质	手感（正 / 反）	抗水性	帘纹（cm）
1	黄竹纸1号	竹纸	棕黄	25.1	良好	极少	平滑	强	小 0.7，大 1.8
2	黄竹纸2号	竹纸	偏红黄	31.7	良好	少	平滑	强	小 0.7，大 1.8
3	黄竹纸3号	竹纸	棕黄	20.3	一般	少	平滑	强	小 0.7，大 1.8
4	本白1号	竹纸	白	59.8	良好	极少	平滑	一般	小 0.7，大 1.8
5	本白2号	竹纸	白	59.4	良好	极少	平滑	强	小 0.7，大 1.8

表 12　福建长汀连城等地竹纸外观性质检测

序号	名称	纤维种类	颜色	白度	匀度	杂质	手感（正 / 反）	抗水性	帘纹（cm）
1	连城连史纸	竹纸	白	65.7	良好	少	平滑 / 粗糙	一般	帘纹不规律
2	古籍修复纸	竹纸	白	68.5	良好	少	平滑 / 粗糙	一般	帘纹不规律
3	连城古法纸	竹纸	白	71.0	良好	少	平滑 / 一般	差	帘纹不规律
4	长汀玉扣	竹纸	黄	38.1	良好	少	平滑 / 粗糙	一般	帘纹不规律
5	长汀玉版	竹纸	白	64	一般	极少	平滑 / 粗糙	差	帘纹不规律

表 13　浙江富阳逸古斋竹纸外观性质检测

序号	名称	纤维种类	颜色	白度	匀度	杂质	手感（正 / 反）	抗水性	帘纹（cm）
1	豆浆发酵 2004 号	毛竹	褐色	19.8	良好	少	平滑 / 一般	强	2
2	毛竹 1903 号	毛竹	黄	33.0	良好	少	平滑	强	2
3	石竹纸	石竹	黄	30.8	良好	少	平滑	强	2
4	原色 1904 号	毛竹	白	70.6	良好	少	平滑	一般	1.7
5	本白 1701 号	毛竹	浅黄	32.5	良好	少	平滑	一般	1.7
6	原色 2001 号	毛竹	浅黄	37.5	良好	少	平滑	强	2
7	酒曲发酵 1905 号	毛竹	浅黄	32.8	良好	少	平滑	一般	2

表 14　江西铅山玉锦堂竹纸物理化学性质

序号	名称	W 定量 g/ m²	T 厚度 /mm	D 紧度 g/cm³	V 松厚度 cm³ /g	18°C表面 pH 值	纵向耐折度（2 次 /9.81N，默认 9.81N）	4 层耐撕裂度（F 撕裂度为 mN；X 撕裂指数为 mN· m²/g）
1	黄毛边纸	15.0	0.05	0.30	3.33	6.7	Min：0 Max：6 ave：3	F=94.9 X=6.32
2	白毛边	16.3	0.04	0.41	2.45	6.8	Min：39 Max：92 ave：44	F=65.9 X=4.040

续表

3	细料 1 号	12.8	0.025	0.51	1.95	6.8	4.91N Min: 161 Max: 254 ave: 208	F=109.3 X=8.542
4	细料 2 号	17.2	0.05	0.34	2.91	6.7	Min: 2 Max: 6 ave: 4	F=102.1 X=5.936

表 15　江西铅山古法连四纸物理化学性质检测

序号	名称	W 定量 g/ m^2	T 厚度 /mm	D 紧度 g/cm^3	V 松厚度 cm^3/g	18°C表面 pH 值	纵向耐折度 (2 次 /9.81N, 默认 9.81N)	4 层耐撕裂度 (F 撕裂度为 mN; X 撕裂指数为 mN· m^2/g)
1	古法 连四纸	19.5	0.07	0.28	3.59	6.7	9.81N/4.91N 均断裂	F=44.1 X=2.260
2	古法 修复纸	15.3	0.04	0.38	2.61	6.7	Min: 4 Max: 4 ave: 4	F=29.5 X=1.930
3	毛太纸	12.0	0.08	0.15	6.67	6.7	9.81N/4.91N 均断裂	F=22.3 X=1.855
4	大幅面 修复纸	20.9	0.06	0.35	2.87	6.7	Min: 3 Max: 4 ave: 4	F=80.4 X=4
5	连四纸	22.2	0.07	0.32	3.15	6.5	Min: 2 Max: 2 ave: 2	F=94.9 X=4.273

表 16　宁波奉化棠岙竹纸物理化学性质检测

序号	名称	W 定量 g/ m^2	T 厚度 /mm	D 紧度 g/cm^3	V 松厚度 cm^3/g	18°C表面 pH 值	纵向耐折度 (2 次 /9.81N, 默认 9.81N)	4 层耐撕裂度 (F 撕裂度为 mN; X 撕裂指数为 mN· m^2/g)
1	黄竹纸 1 号	13.4	0.045	0.30	3.36	6.7	4.91N Min: 106 Max: 165 ave: 136	F=80.4 X=5.998
2	黄竹纸 2 号	20.2	0.055	0.37	2.72	6.7	Min: 5 Max: 25 ave: 15	F=159.9 X=7.916
3	黄竹纸 3 号	20.5	0.055	0.37	2.68	6.6	Min: 5 Max: 5 ave: 5	F=73.1 X=3.567
4	本白 1 号	15.1	0.04	0.38	2.65	6.7	Min: 3 Max: 6 ave: 5	F=87.6 X=5.802
5	本白 2 号	16.3	0.045	0.36	2.76	6.7	4.91N Min: 12 Max: 15 ave: 14	F=58.6 X=3.595

表 17　福建长汀、连城竹纸物理化学性质检测

序号	名称	W 定量 g/ m²	T 厚度 /mm	D 紧度 g/cm³	V 松厚度 cm³ /g	18°C表面 pH 值	纵向耐折度（2 次 /9.81N，默认 9.81N）	4 层耐撕裂度（F 撕裂度为 mN；X 撕裂指数为 mN· m² /g）
1	连城连史纸	20.0	0.055	0.36	2.75	6.7	Min：0 Max：2 ave：1	F=109.3 X=5.467
2	古籍修复纸	21.7	0.06	0.36	2.76	6.8	Min：4 Max：4 ave：4	F=87.6 X=4.038
3	连城古法纸	20.3	0.057	0.36	2.81	6.8	Min：1 Max：1 ave：1	F=102.1 X=5.030
4	长汀玉扣	25.8	0.065	0.40	2.52	6.6	Min：10 Max：15 ave：13	F=152.7 X=5.918
5	长汀玉版	37.8	0.12	0.32	3.17	6.6	Min：2 Max：2 ave：2	F=138.3 X=3.657

表 18　浙江杭州富阳越竹斋竹纸物理化学性质检测

序号	名称	W 定量 g/ m²	T 厚度 /mm	D 紧度 g/cm³	V 松厚度 cm³ /g	18°C表面 pH 值	纵向耐折度（2 次 /9.81N，默认 9.81N）	4 层耐撕裂度（F 撕裂度为 mN；X 撕裂指数为 mN· m² /g）
1	豆浆发酵 2004 号	19.7	0.05	0.39	2.54	6.5	Min：8 Max：62 ave：35	F=58.6 X=2.975
2	毛竹 1903 号	12.9	0.04	0.32	3.10	6.4	4.91N Min：66 Max：66 ave：66	F=44.1 X=3.416
3	石竹纸	26.3	0.12	0.22	4.56	6.4	Min：80 Max：144 ave：112	F=80.4 X=3.056
4	本白 1701 号	23.9	0.06	0.40	2.51	6.4	Min：5 Max：53 ave：32	F=167.1 X=6.992
5	原色 1904 号	19.3	0.06	0.32	3.11	6.1	Min：1 Max：19 ave：8	F=58.6 X=3.036
6	原色 2001 号	18.3	0.05	0.37	2.73	6.3	Min：1 Max：19 ave：10	F=123.8 X=6.765
7	酒曲发酵 1905 号	16.3	0.05	0.33	3.07	6.5	Min：1 Max：53 ave：19	F=65.9 X=4.040

前面提及纸浆白度决定纸张的基础白度，浆料白度越高，纸张白度也高，因此竹纸普遍颜色为黄或者棕黄。在我们测试的 26 种竹纸中，江西铅山的古法连四纸、连四纸，奉化棠岙的本白 1 号、本白 2 号，福建的连城连史纸、古籍修复纸、连城古法纸、长汀玉版纸，富阳逸古斋的本白 1701 号，这 9 种纸均为白色竹纸，且这几款白色竹纸匀度均为良好，杂质少，除奉化本白 2 抗水性强以外，剩余几份试样抗水性较一般或差。竹纸组试样正反手感相差不大，只有福建竹纸系列正反相差较大。

26 种竹纸中，抗水性排名最好的是奉化棠岙竹纸，棠岙竹纸除了本白 1 号，其余几种纸的抗水性强堪比贵州石桥黔山迎春皮纸，是竹纸里抗水性最强的一组。浙江富阳逸古斋竹纸除本白 1701 号、原色 1904 号之外，其余品种的竹纸抗水性都比较好；福建长汀连城竹纸和江西玉锦堂竹纸抗水性都一般，江西铅山古法连四纸抗水性较差。

在纵向耐折度方面，除了富阳逸古斋石竹纸有强如皮纸的耐折度，其余竹纸耐折度普遍在 10 对次 /9.81N 左右。测试的厚度小于等于 0.04 毫米，紧度在 0.3-0.5g/cm³ 左右，松厚度为 1cm³/g 或 3cm³/g 的江西玉锦堂竹纸细料 1 号、奉化竹纸黄竹纸 1 号、奉化竹纸本白 2 号、富阳毛竹纸 1903 号，只能在 4.91N 力道下进行测试。松厚度在 6m³/g 以上的江西铅山毛太纸在 9.81N/4.91N 力道下均断裂，即使厚度增加，耐折度也只是在 10 对次 /9.81N 左右。可见竹纸试样的纤维长度远低于皮纸，纸张强度也相对皮纸弱许多。在耐折度上，表现最好的富阳逸古斋石竹纸，或许是因为石竹纸拥有比正常竹纸高一倍的定量和 0.1 毫米左右的厚度，才使得逸古斋石竹纸在耐折度上远远超出其他竹纸。

4 层撕裂度测试方面，竹纸组撕裂度指数普遍在 6 以下。江西玉锦堂细料 1 号撕裂度达到了 8，但其耐折度又极低。另外撕裂度超过 6 的还有浙江富阳逸古斋的本白 1701 号和原色 2001 号，以及江西玉锦堂的黄毛边。竹纸撕裂度低，主要原因归结于竹纸纤维短。

3. 宣纸的检测

宣纸是现在书写绘画纸的大类，在书画装裱与修复中使用较多，但在其他纸质文物修复中使用并不太多。因为宣纸是清代以后才在书画界大量使用，在其他书籍印刷、文献档案中的使用并没有现代人想象的那样普及，民间使用最多的还是竹纸。现代宣纸工艺与过去的生产工艺也相去甚远，反倒是传统手工竹纸和手工皮纸的生产工艺还大部分保留最初的生产工艺。现在许多宣纸厂也在恢复古法宣纸的造纸工艺。本次选择汪六吉宣纸厂的六种常用宣纸作为检测对象，对宣纸的外观性质和物理化学性质进行检测，根据纤维、白度、匀度、抗水性、厚度、紧度、pH 值等，比较皮草混料纸的特性。

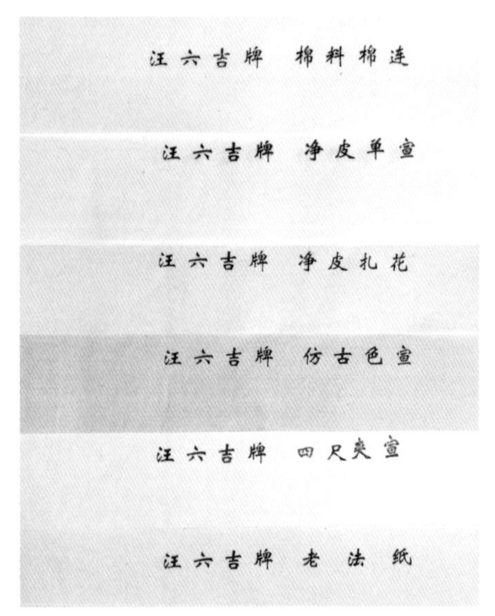

安徽泾县汪六吉宣纸

仿古色宣纤维图：纸样纤维键合度高，不易分散，在 4 倍物镜中会有成团现象；显微镜下纤维长短相间，呈淡酒红色；该纤维为青檀皮和稻草混合纤维；样品纤维较纯净，杂质少，杂细胞、非纤维絮状物较多；在 4 倍物镜下观察有少量红紫色稻草锯齿状表皮细胞；在 10 倍物镜下观察，有长条状的稻草薄壁细胞；依据纤维呈现状态，可推断该纸样打浆度和筛选度较高。

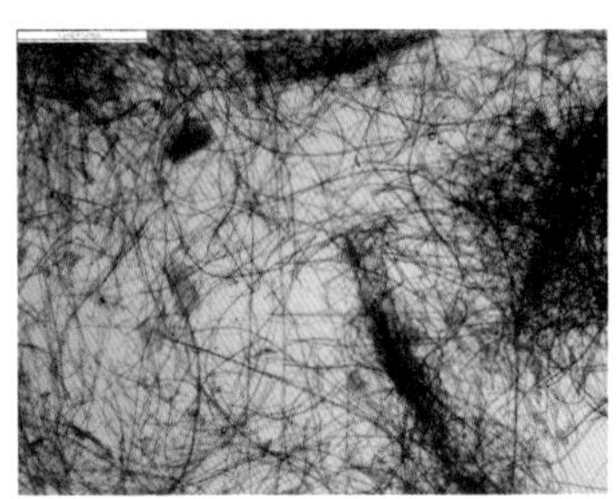
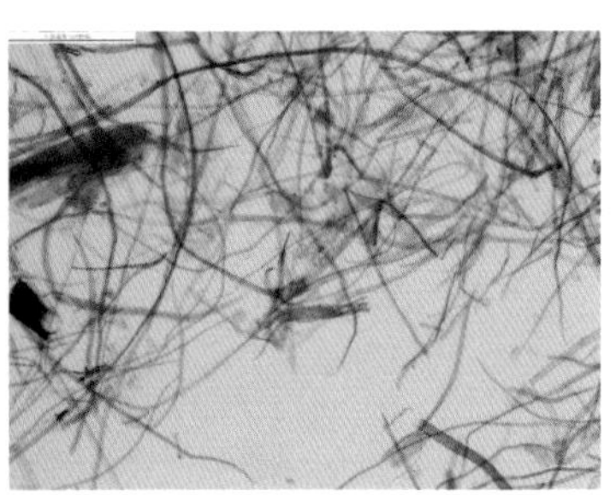
仿古色宣 4 倍、10 倍物镜

净皮单宣纤维图：皮纤维长，呈淡酒红色，有明显胶衣包裹；夹杂部分蓝紫色草纤维、稻草薄壁细胞组群、锯齿状表皮细胞；样品纤维较纯净，杂质少。

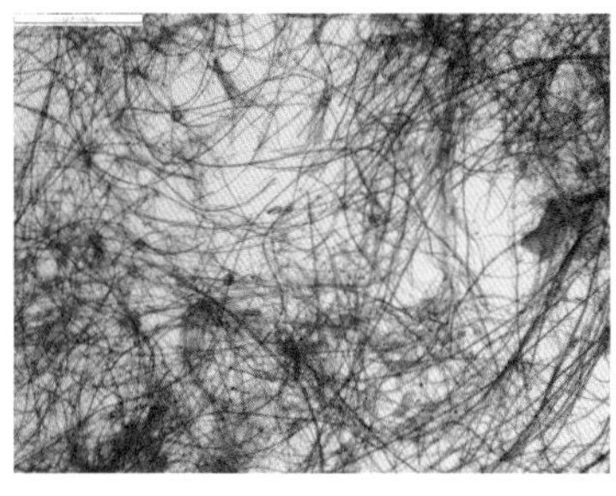
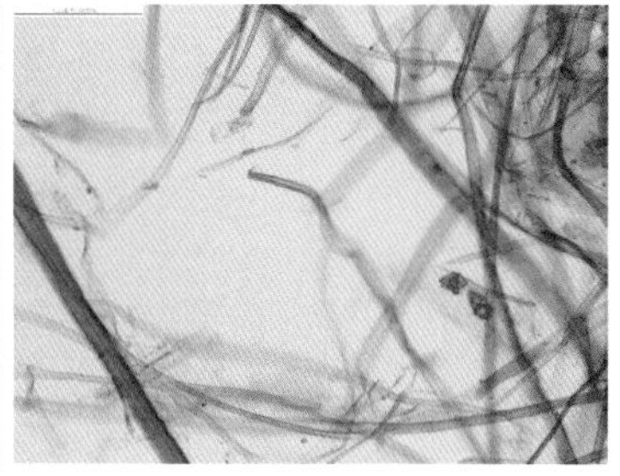

净皮单宣 4 倍、20 倍物镜

净皮扎花纤维图：皮纤维颜色比其余纸样颜色深，有明显横截纹，胶衣明显；夹杂少量杂细胞；成纸纤维键合度高，不易分散，在 4 倍物镜中会有成团现象；纸样纤维较纯净，杂质少。

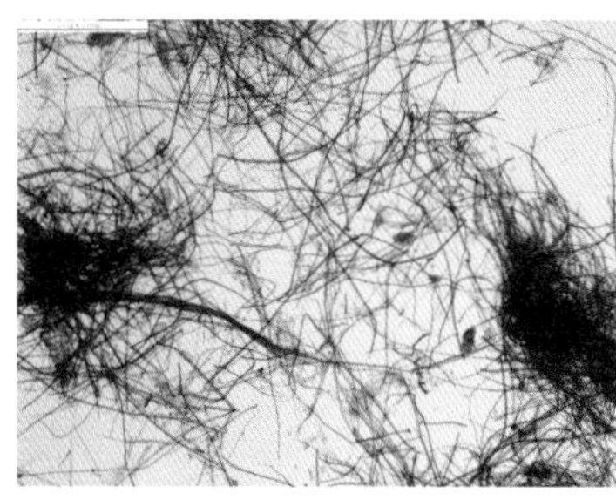
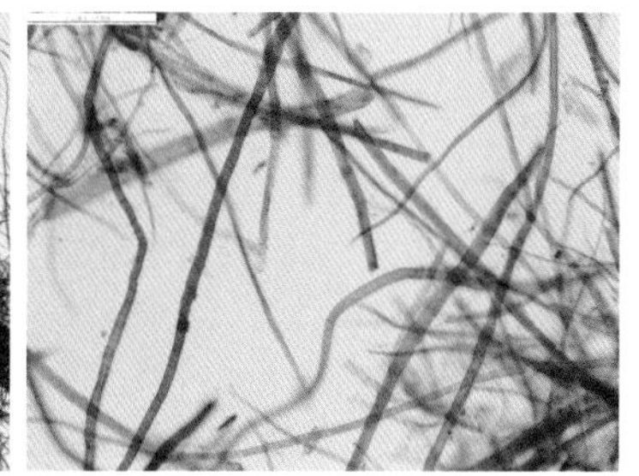

净皮扎花　4 倍、20 倍物镜

古法纸纤维图：纤维整体纯净，呈酒红色，杂质少，夹杂部分稻草锯齿状表皮细胞；纤维种类主要为皮料，皮纤维长，其余短纤维成分极少，分散过程中较其他纸样易于分散；汪六吉纸样中，较多出现如下图的大型束状薄壁细胞组群。

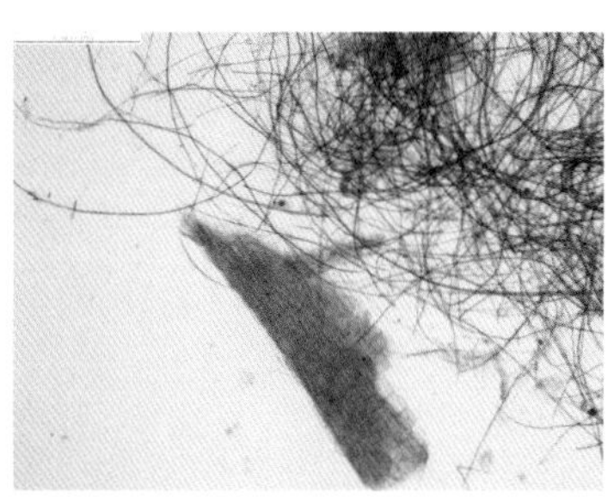
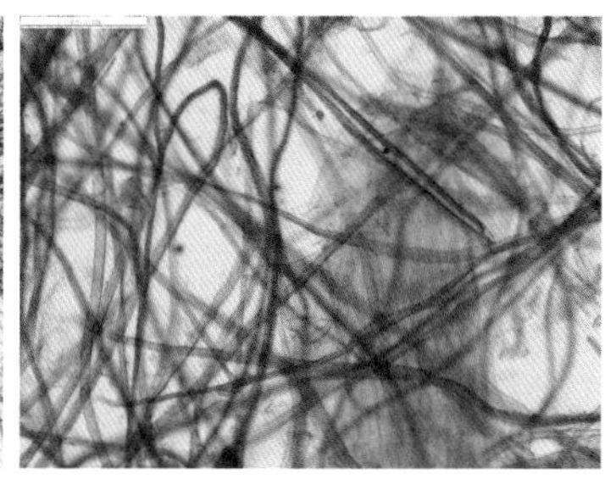

古法纸　4 倍、20 倍物镜

四尺夹宣纤维图：纤维整体纯净，呈淡酒红色，为皮、草混合料，打浆度和筛洗度高，少杂质；纤维中发现少量薄壁细胞，整体纤维配比同棉料棉连，只是两者在物理特性厚度上呈现差别，四尺夹宣2倍厚于棉料棉连。

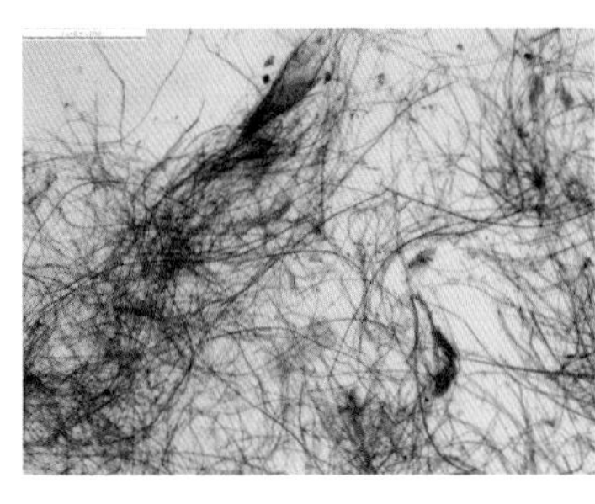
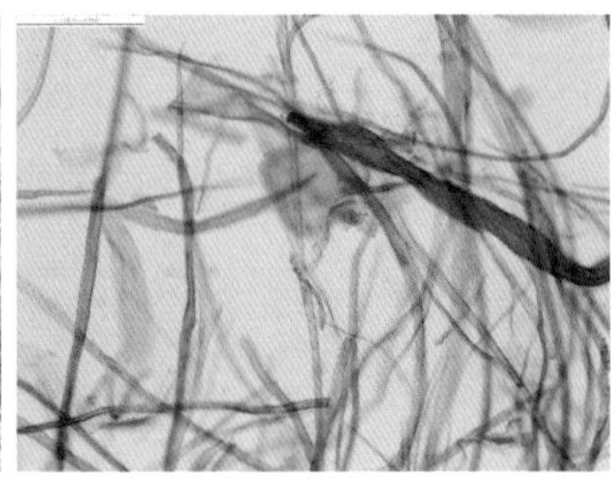

四尺夹宣 4倍、20倍物镜

棉料棉连纤维图：纤维长短相间，键合度高，不易分散，在4倍物镜中会有成团现象；整体纤维颜色为浅酒红色；稻草纤维细、软、短，有呈蓝紫色锯齿状表皮细胞；皮纤维较长，整体干净，杂质少，杂细胞较多。

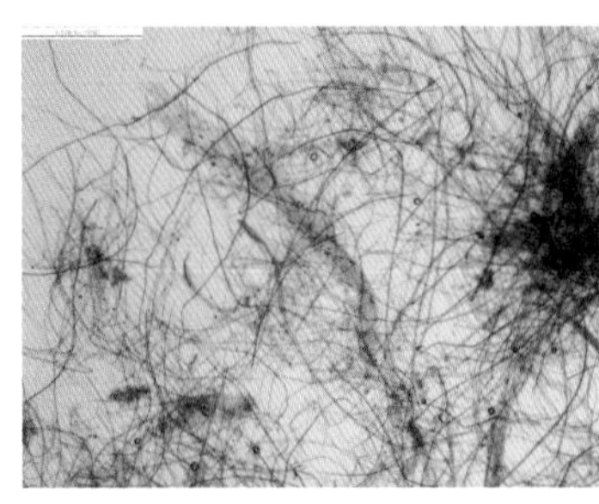
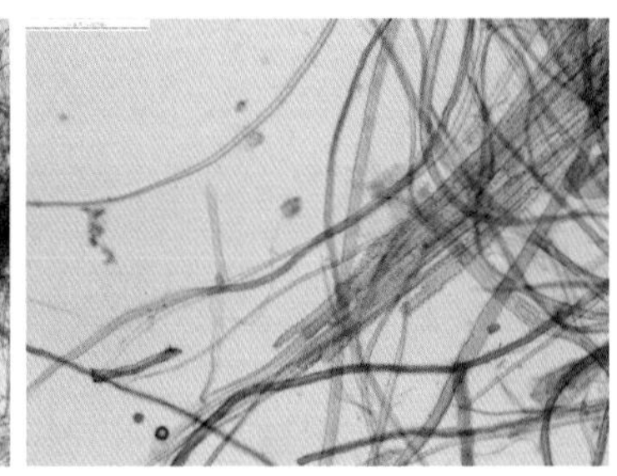

绵料绵连 4倍、20倍物镜

表19　汪六吉6种宣纸外观性质检测

序号	名称	纤维种类	颜色	白度	匀度	杂质	手感（正/反）	抗水性	帘纹（cm）
1	棉料棉连	皮、草	白	72.5	较好	少	平滑	差	不明显，1.5
2	净皮单宣	皮、草	白	71.6	一般	少	平滑	差	不明显，1.7
3	净皮扎花	皮、草	白	71.5	一般	少	平滑	差	1.7
4	仿古色宣	皮、草	棕黄	36.9	一般	少	平滑	差	1.7
5	四尺夹宣	皮、草	白	73.5	一般	少	平滑	差	不明显，1.5
6	老法纸	皮、草	米白	60.5	一般	少	平滑/一般	差	1.7

表 20　汪六吉 6 种宣纸物理化学性质检测

序号	名称	W 定量 g/ ㎡	T 厚度 /mm	D 紧度 g/cm³	V 松厚度 cm³ /g	18°C表面 pH 值	纵向耐折度（2 次 /9.81N，默认 9.81N）	4 层耐撕裂度（F 撕裂度为 mN；X 撕裂指数为 mN· ㎡/g）
1	棉料棉连	23.5	0.05	0.47	2.13	6.6	Min: 1 Max: 2 ave: 2	F=94.9 X=4.037
2	净皮单宣	36	0.1	0.36	2.78	6.7	Min: 1 Max: 2 ave: 2	F=717.2 X=36
3	净皮扎花	18.4	0.046	0.40	2.50	6.6	130 次时折痕处断裂	F=58.6 X=3.185
4	仿古色宣	30.2	0.076	0.40	2.52	6.7	Min: 0 Max: 2 ave: 1	F=102.1 X=3.381
5	四尺夹宣	42	0.12	0.35	2.86	6.9	Min: 0 Max: 2 ave: 1	2 层 F-146.2 X= 3.482
6	老法纸	29.1	0.1	0.29	3.44	6.8	Min: 0 Max: 2 ave: 1	F=195.9 X=6.732

通过对汪六吉六种宣纸的外观性质检测，发现宣纸普遍手感平滑，匀度一般，杂质少，白度高。另外检测的这 6 种宣纸均为生宣，因此抗水性能都差，这也是宣纸作为大写意画的纸张特性。宣纸做为混料纸，在皮料中加有草料，所以它的抗水性是本次所有检测纸张中最差的一组。另外宣纸作为皮草混料纸，整体厚度和定量远高于普通竹纸和皮纸。

除净皮扎花外，本组其余纸张纵向耐折度次数均非常少，低于竹纸，也从另一方面证明草纤维比竹纤维长度短。净皮单宣在宣纸组中耐撕裂度指数最高，比正常皮纸撕裂指数要高，与其原料配比皮料多于草料和高打浆程度，纤维细化程度更高，纤维柔软，氢键结合力更强有关。四尺夹宣足够厚重，测试 4 层纸张耐撕裂度时，未能将其撕裂，于是对 2 层纸张进行了测试，应变力小于皮纸，直接断裂，从撕裂指数不高可以看出。

纸张性能受各种传统造纸工艺和原材料性质影响，对纸类功能需求的不同，促成对其性能指标需求也不尽相同，要依据文物原纸的性能来确定补纸。通过此次检测，我们也发现一些规律，比如打浆度越高，越能增加纤维的结合力，降低纤维的相对平均长度。因此，打浆度高，纸张的平滑性、挺硬度、紧度和收缩度会随之而高，而另一方面，纸张的松厚度、撕裂度会随之降低。

通过以上三类纸品的检测，我们发现，采用古法工艺越多的，纸张耐折度、耐撕裂度都较之同类纸品，要强一些。比如浙江富阳逸古斋的竹纸耐折度普遍大于其他竹纸，还有贵州石桥黔山的四种皮纸在耐折度和撕裂度上都高于同类皮纸，这或许是与原材料以及原材料的制作工艺有关。而宣纸在耐折度上，通过这次检测，发现还不如竹纸，这与它的原料中有草料有关，但也与宣纸的半机械化造纸工艺有关。宣纸虽然耐折度差，但在撕裂度上还不错，尤其净皮和老法纸。本次检测的纸张都是业界公认较好的纸品，在匀度和杂质含量等方面都有不错的表现，大部分的匀度都是良好，杂质含量都很少，有的甚至是极少。如日本典具帖、北京德承贡纸坊、宁波奉化棠岙竹纸等，大部分纸品杂质含量都是极少，可见我们这次检测的纸品大部分都适合作为纸质文物的修复用纸。

未来在进行修复方案制定过程中，有了更加科学、直观的检测方式的介入，对于修复用纸的拣选与匹配变得更加方便，也更加准确。

第四章

传统手工纸在
纸质文物修复中的运用

第一节 《望山何氏宗谱》修复详解

修复前书影

1. 文献基本信息

书名：《望山何氏宗谱》

版本：民国活字本　　册数：7 册　　页数：内页 554 页，封面护页 4 页

开本尺寸：40 厘米 ×26 厘米　　装帧形式：六眼线装

封面：原装封面都缺失，其中有三册经后人修复，有简装封面

内页纸质：竹纸，微黄，竖帘纹，帘纹较均匀，纸张薄厚不一，前薄后厚

破损级别：二级、三级

修复人：李爱红、黄粒粒、朱徐超、张翔、刘任慧、吕蓉新、杨璇、卢雨婷等

接案时间：2019 年 7 月

书口开裂、絮化、圆角

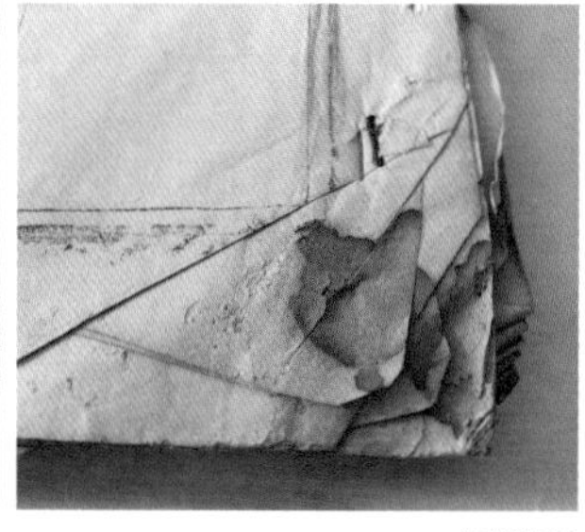
褐斑铁锈

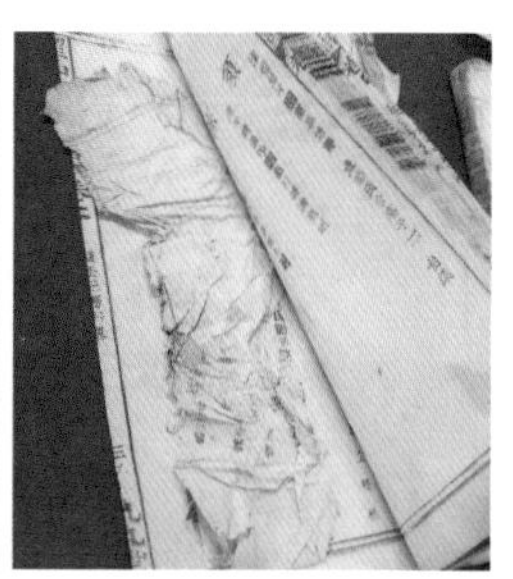
脱落

2. 破损信息

本套书装订线为麻线，全书有酸化、老化、黄渍、残缺、脱落、磨损、虫蛀等现象，部分书页破损或褶皱严重；天头、地脚、书口泛黄老化和脆化，有磨损和开裂痕迹，四个书角出现不同程度圆角现象；书页破损处纤维老化，纸张耐折度呈下降趋势。

第一册共 73 页，有封面，无封底，无护页，订口线断，纸捻脱落；内页破损严重，天头有大量虫蛀；第 1—3 页局部有红色斑块，部分页面地脚有蓝色污渍。第二册共 94 页，无封面、护页；第 1 页被染色，撕裂、缺损、皱褶严重；卷首、卷一排列混乱，最后 4 页残缺严重。第三册共 87 页，第 1—9 页页面缺失较多，页面皱褶、划痕和撕裂严重，部分页面破损处有霉渍；从第 83 页起有大块黄渍，占据书页二分之一位置；第 17、32、47、51 页天头处有订书钉钉长纸条，纸条上有文字。第四册共 69 页，书页受潮，天头地脚呈波浪形；封面护页缺失；部分页面有残缺，天头书角有鼠咬。第五册共 47 页，封面缺失，有封底，无前护页，有后护页；第 1—13 页天头残缺，书页糟朽起褶，并伴有严重黄渍；全书上部因受潮产生严重水渍，从天头部分观察，呈波浪形。第六册共 81 页，第 1 页缺前半页，最后 1 页缺后半页，中部从页码编号判断，缺失第 31—54 页，第 25 页已皱成一团；书籍由钉书钉装订，订书钉附近黄渍、水渍明显；第 23 页与第 24 页之间有一张残损书页，不能确定页码顺序。第七册共 113 页，无封面、护页，页码连贯，无缺页；整册书由一薄一厚两本组成，两本开本不一，且地脚宽幅小于天头；薄本第 1—16 页上方均有褐色斑迹，并随页数增加而扩大；厚本第 1—22 页靠近订口处有黄渍，黄渍随页数增加逐渐变浅；厚本书脑处有订书器留下的孔洞，孔洞周围有铁锈；最后一页起皱严重。

3. 检测信息

（1）纤维检测

用纤维分析仪检测纸张纤维。分别提取书页、补纸和加固薄皮纸三种纸样，观察 4 倍、20 倍显微镜下纤维图，可看到书页和白毛边补纸中都含有两种纤维，一种纤维染色后呈黄色，较细短，为竹纤维；另一种纤维较细短，含锯齿状表皮细胞，为草纤维。竹纤维呈浅黄至浅棕色，平滑细直，弯曲度较小，少有扭曲打结现象，纤维整体色调均匀，纹理较少，两端平直尖细；导管分子比较明显，在显微镜下呈粗大网状结构，纹理多为横向的波状网纹。稻草纤维与竹纤维导管相比，前者体积要小很多，呈长条状，后者纹理一般为 4—6 列横向网纹，约占导管面积的 3/4，导管一侧约有 1/4 的面积无网纹；其表皮细胞呈锯齿状，如城墙上的矩形垛口。

加固薄皮纸为桑皮纤维。桑皮纤维染色后一般呈紫红色或暗酒红色，与构皮纤维在形态上十分相似，外观呈圆柱形，多呈挺直状，轮廓清晰平滑，横节纹明显。纤维外壁常裹有一层透明胶质膜，又称胶衣，端部尤为明显。在纤维之间常会观察到少量菱形或方形的草酸钙晶体。

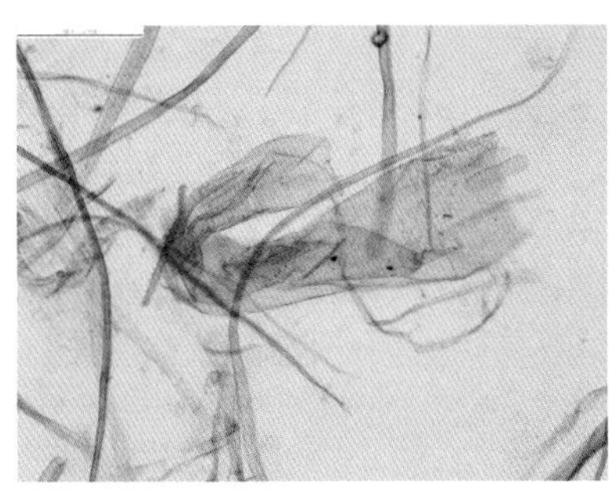

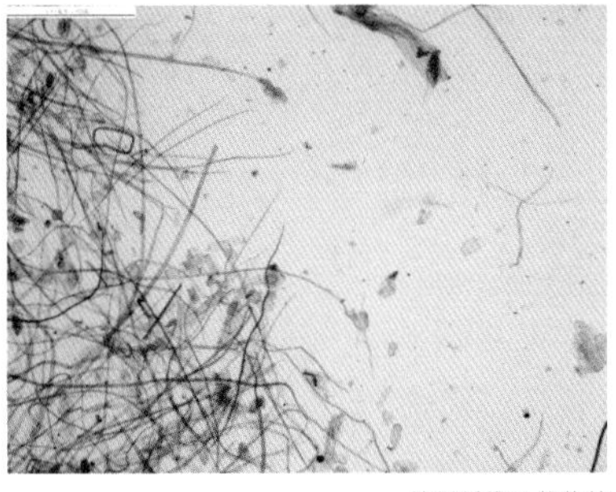

《何氏宗谱》书页纤维 20 倍物镜

补纸纤维 4 倍物镜

用便携式视频显微镜 3R-MSA600S 无损对比观察书页和补纸，通过放大不同倍数观测书页，可清晰看到书页上的霉斑和黄渍，以及书页经过清洗之后的纤维变化。

原书页和补纸显微镜下纤维图：

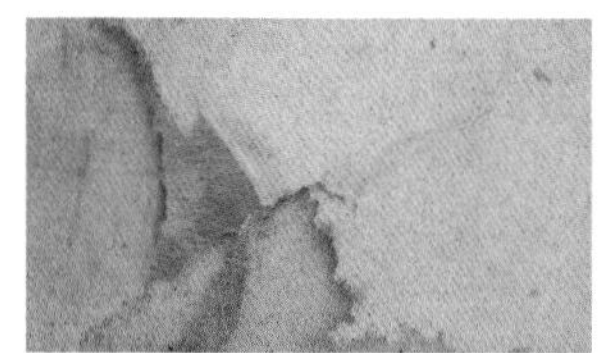

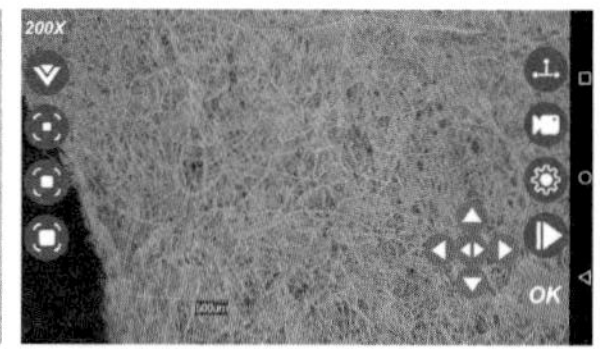

原书页钉眼缺口黄渍 200 倍、原书页 200 倍、白毛边补纸 200 倍

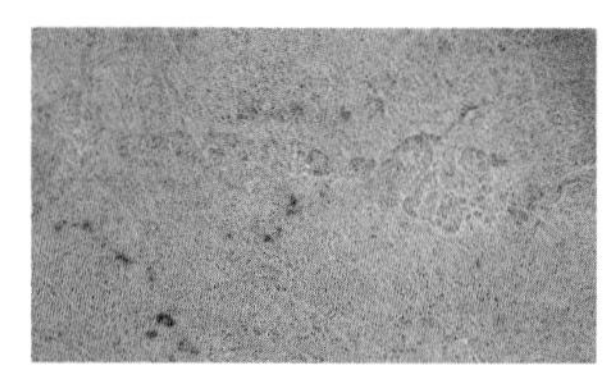

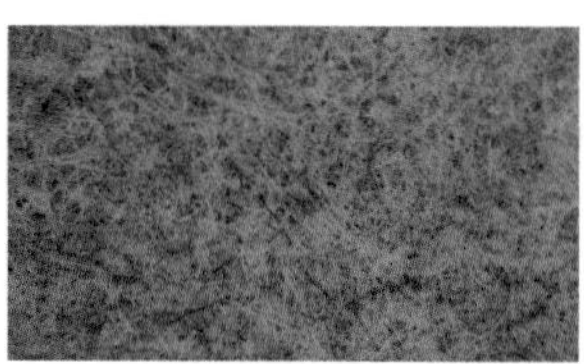

原书页裂痕处 60 倍、霉斑处 60 倍、清洗黄渍后 60 倍

（2）外观性质、物理化学性质检测

表 1　宗谱书页和白毛边纸外观性质对比测定

序号	名称	纤维种类	颜色	白度	匀度	杂质	手感（正 / 反）	抗水性	帘纹（cm）
1	望山何氏宗谱书页	竹纸	浅黄	45.0	一般	少	一般	差	小 0.9，大 1.7
2	白毛边	竹纸	浅黄	48.0	一般	少	平滑	一般	1.1

表 2　宗谱书页和白毛边纸的物理化学性质对比测定

序号	名称	纤维种类	W 定量 g/ m^2	T 厚度 / mm	D 紧度 g/cm^3	V 松厚度 cm^3 /g	18°C 表面 pH 值
1	望山何氏宗谱书页	竹纸	20.5	0.05	0.41	2.44	6.6
2	白毛边	竹纸	16.3	0.04	0.41	2.45	6.6

表 3　宗谱书页和补纸白毛边的纤维宽度和长度测定

纤维种类	纤维长度（10 根）mm			纤维宽度（20 根） μm		
	平均	最大	最小	平均	最大	最小
宗谱书页竹纤维	0.89	1.57	0.52	7.16	11.42	4.03
白毛边竹纤维	1.14	2.02	0.60	9.05	15.13	3.47
宗谱书页草纤维	1.96	3.46	1.24	11.21	24.05	5.02
白毛边草纤维	2.33	4.28	1.46	14.15	20.85	9.07

通过对宗谱书页和江西白毛边纸外观性质、物理化学性质对比，以及放大镜、显微镜对纤维特征的观察，宗谱书页和补纸白毛边均为浅黄色薄纸，匀度一般，杂质较多，主要为纤维束；从纤维表面图像看，纤维清晰可见，无任何填涂料现象。从分散纤维观测，可见两种纸样都含两类纤维，一类染色后呈黄色，较细短，为竹纤维；另一类纤维较细短，含锯齿状表皮细胞，为草纤维，纤维长短、匀度接近；纸张厚度、紧度、松厚度、白度接近，或趋于一致，纸样表面 pH 值都趋向于中性，符合配纸需求。

4. 修复方案

（1）拍照，详细记录破损细节，便于修复完成之后撰写修复档案，存档。配纸，对书页和补纸进行检测，确定选用各项检测数据与书页相近的江西白毛边做补纸，用安徽薄皮纸做溜口纸、溜边纸。

（2）展平书页，书页折在一起的地方要展开，破碎的地方要拼接回去。展平尽量在干燥的状态下进行，严重褶皱不易展平的部位适当喷潮再展平。

（3）清洗可依据每册书页脏污程度不同，选择软毛刷点热水清洗，或者用热苏打水浸泡清洗。书页有较大面积与较深的水渍、黄渍，可反复用软毛刷或大羊毫毛笔点热水多次清洗。

（4）依据每册书破损状态不同，采用不同的补法。书页纸张强度弱、破损严重的，用湿补法，纸质较好、破损较少的用干补法。干补时，书口、天头、地脚、书脑等部位有脆化、老化、开裂等现象的，先用皮纸溜口、溜边加固，对局部脆化、老化或即将脱落的部分也要提前加固。用补纸修补书页缺损部分，大洞选用略厚的补纸部位修补，小洞选择略薄的补纸部位修补。对于书脊处的钉眼破损部位，缺失的用补纸修补，未缺失的用薄皮纸修复。

（5）书页经过修补压平后，进入还原过程，包括折书页、剪书页、锤书、齐书等步骤。经过修补的书页不可避免有高低起伏现象，必须经过锤书，以消除不平的部位。捶书时注意不要用力过度，以防纸张纤维断裂，对书页造成隐性损伤。最后墩齐书口及三边，还原书根，放入压书机压平。

（6）本套家谱封面、封底、护页基本缺失，需要重新选配。

5. 技术难点

（1）因本套书开本大，破损多，部分页面褶皱严重，书页修补时应注意书页各部位、书页与补纸干湿同步，要经常用喷壶喷潮展平。同时，在修补完成之后，为解决书页展平难的问题，可采用多次喷潮压平书页的方法，也可采用完全喷透或局部喷潮等方法，以完成展平书页的要求。

采用干补法时，书页纸张干湿收缩变化较大，补纸受潮收缩变化小于书页受潮收缩变化，要注意补好书页破损部位后书页展不平的现象，尤其在补书页中间破损较大部位时，上补纸需注意补纸的潮湿度、伸缩性与书页一致，否则压平干燥后书页与补纸之间无法平整。本套书书页干燥时，展开书页宽度为 51.8 厘米；用湿补法整体湿润平整后，书页天头宽度 51 厘米，地脚宽度 52.5 厘米。注意这些书页尺寸细节上的变化，能帮助我们在修复各册书页时把握书页尺寸。

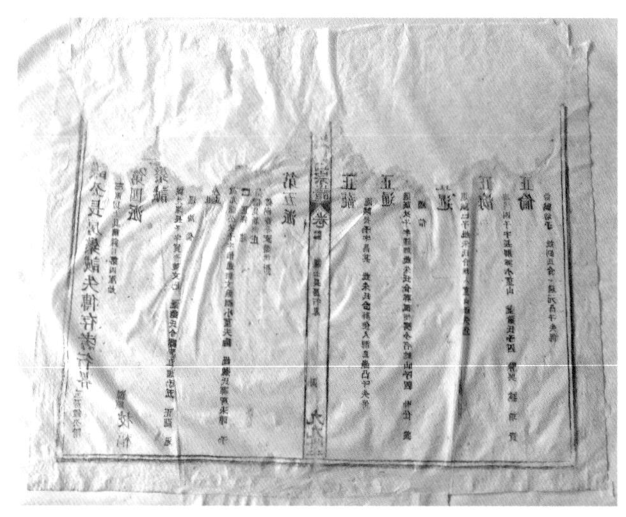

破损面积大，新补纸与旧书页的收缩率不同，修补之后展平难度较大

（2）湿补书页时，修复前需画开本样纸、书口线、栏线。因本套书天头线并不水平，书口处凹陷，修复时需注意要保证补纸修补到位，避免出现修补过多或过少的情况；本套宗谱开本大，书页纸张本身韧性不佳，修补过程中注意每册的修补手法与力度保持一致。

（3）修补书页破损老化严重部位时，皮纸加固范围要适当扩大，以防止老化、絮化部位再次破裂。上皮纸加固时，皮纸要略微喷潮，以自然松弛、平整的状态放置在需要加固的部位，用小排刷平整刷实，避免书页干后因皮纸加固方法不到位产生围绕皮纸起褶的现象。

（4）本套宗谱因黄渍、褐斑、污渍较多，清洗成为一项技术难题。用小苏打、皂角等清洗剂清洗后，需要及时用清水多次清洗，彻底洗掉清洗剂，否则清洗处会出现明显的藤黄色。

6. 配纸信息

（1）白毛边（江西产，厚度0.04毫米），用于修补书页缺失部位和破损处。手工造纸厚薄不一，需要根据书页厚薄选择补纸合适的部位，对应修补。

使用原因：本套宗谱书页用纸据目测可能为福建毛太纸，在实际修复中没能找到合适的福建毛太纸与之匹配。通过各项检测仪器检测，发现江西白毛边在纸张结构、纤维、白度、密度、厚度等方面与原书页基本匹配，白毛边厚度略薄原书页0.01毫米，符合“宁薄勿厚”原则。

（2）安徽潜山薄皮纸（桑皮，厚度0.02—0.03毫米），用于连接加固书口开裂部分、书页老化、脆化部分和絮化部位。

使用原因：经检测，安徽潜山产的手工皮纸符合纸质文物修复用纸要求。该薄皮纸纸质纤维纯度高，不含木质素，pH值达标，耐折度、耐撕裂度高，透度高，色泽与厚度都适合作为加固纸使用。

7. 修复过程

（1）展平书页。平铺吸水纸在补书板上，将书页正面朝下放在吸水纸上，展平过程中注意多次少量喷水，依靠镊子或针锥从纸张褶皱程度较轻部分入手，挑开褶皱，如遇纸张因受潮、破损扭曲粘连的，则顺折叠方向一点点打开、分离。由于部分书页书口上端紧缩，下端破裂，从紧缩至破裂，展平时手势上应采用由放到收的手法。在整个修复过程中，始终记住要不断喷潮展平书页，以免产生新的水渍和皱褶。局部折皱严重且纸张脆化、絮化严重的，需要打开后立刻用薄皮纸加固。在用皮纸加固时，切忌将皮纸拉得过紧，如果皮纸不是在自然松弛的状态加固，书页在干透后纤维收缩，会使书页出现新的褶皱。

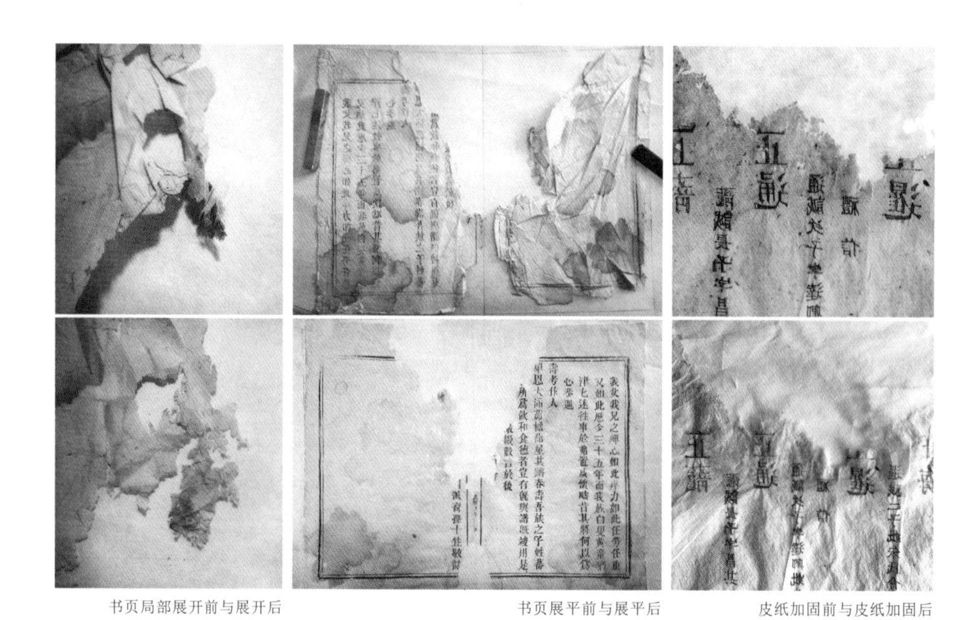

书页局部展开前与展开后　　书页展平前与展平后　　皮纸加固前与皮纸加固后

（2）清洗书页。展平书页后，对书页进行清洗。清洗之前，若是黄渍在破损处或絮化严重部位，可先用皮纸加固再进行清洗。本套书清洗方法分两种，一种是局部用羊毫笔蘸热水或苏打水清洗，一种是整体浸泡清洗。局部清洗，先将书页微微喷潮，用纯净水清洗水渍，清洗时视纸张状态和水渍深浅度决定清洗次数。如有较严重黄渍，用热纯净水清洗，如果清洗效果不够理想，可用小苏打溶于热纯净水中再次清洗，去除黄渍后再用清水洗去小苏打。遇到更加顽固的褐斑，用双氧水、皂角等，按比例调配清洗剂划洗。清洗后，褐斑颜色淡了一层，但也无法彻底清洗干净。在用毛笔刷洗时，注意要以上下接触纸面的方式，不宜左右划洗，笔势顺帘纹不易造成书页变形。清洗完成后，对未清洗部位适量喷水，一方面避免新水渍形成，另一方面减少书页变形的可能。

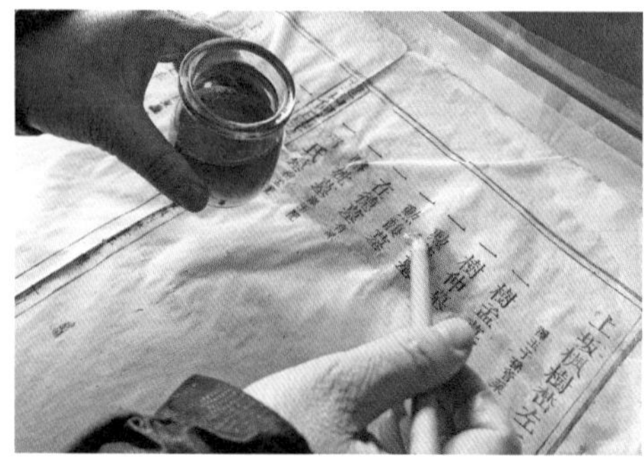

用皂角水清洗褐斑

摆放书页

当书页整体黄渍污物较多且纸质尚可时，可整体浸泡清洗。在清洗盆下先垫一层透明塑料薄膜、两层吸水纸、一层无纺布，再放待洗书页。可 10 张书页同时浸泡清洗，每张书页之间用无纺布间隔，在最上面一层无纺布上再盖两层吸水纸，以缓解水流对书页的冲击，并用直尺压住，以防书页随水流移动，造成二次损坏。（其间书页原折叠部位可以先不展开，等清洗除酸之后再展平。）

准备清洗水，小苏打与水比例 1:1000，水温在 60°C 左右，用手触之，有润滑感。并从清洗盘边缘缓缓倒入清洗水。轻缓按压书页，使苏打水整体浸入，静置待水温变凉倒出黄水。

从清洗盘边缘缓缓倒入热水

浸泡

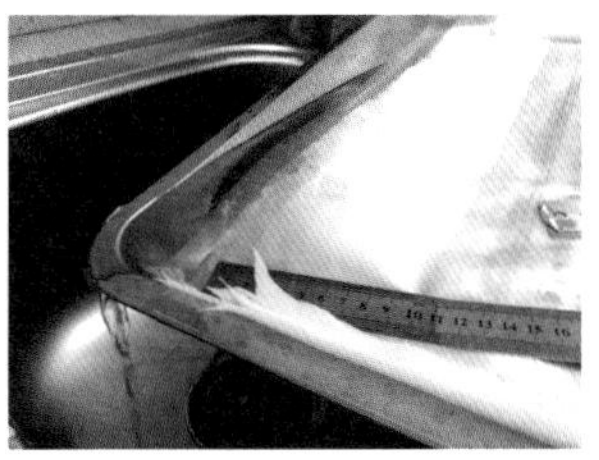

倒出黄水

用纯净水清洗 4 遍，洗净残余小苏打，每次静置 3 分钟左右，最后一遍清洗时注意保持书页平整，倒水时可用直尺压住，以免书页移位。准备数张吸水纸。将已清洗书页连同最底层的塑料薄膜整体提起覆于吸水纸之上，揭去翻至最上层的塑料膜，等待 2 ～ 3 分钟沥水，使大部分水分往下走，流至下面的吸水纸上。用镊子辅助揭开每层书页和无纺布，揭开时，需注意避免损伤书页，可以多次更换吸水纸，无纺布必须及时揭去，否则书页会留下布纹。书页清洗前，室温 18°C 表面下 pH 值为 6.6；书页清洗后，室温 18°C 表面下 pH 值为 7.4，书页 pH 得到改善。

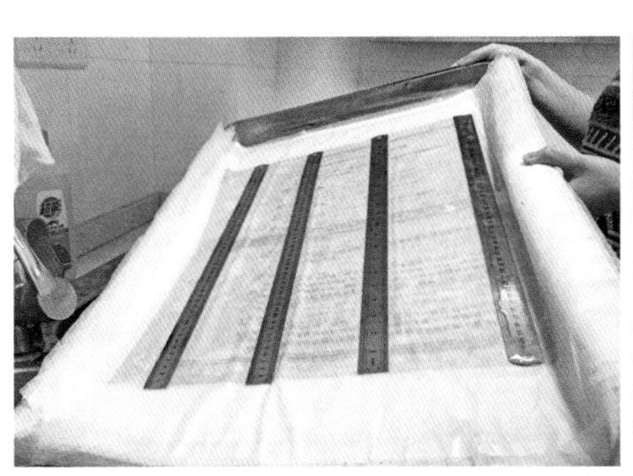

换水清洗

沥水揭页

（3）修补书页。修补书页包括溜书口、加固糟朽书页，以及补破。该书开本大，且纸张干湿收缩变化较大，溜书口时要将纸张破损处湿润后的伸缩率计算在内。修复书页缺失部位时，也要将书页破损处湿润后的伸缩率计算在内。

本套宗谱书页修补同时采用干补法和湿补法两种。干补法修补时，在修复过程中注意多次少量喷水，让书页处于微潮状态。书口展平对齐后，用毛笔一点一点上浆水，从书口两侧往里运笔，使书页潮湿后能自然往中间靠拢。将皮纸稍微喷潮，以自然松弛的状态放置在需要溜口或加固的位置，不要使劲拽拉。确定位置后，用镊子轻轻定位，再盖上一层吸水纸，以指腹上下均匀按压，使皮纸粘实溜口或絮化部位，有缺损的部位还要用补纸修补。修补破洞按先补大洞，后补小洞的顺序，修补时注意补纸帘纹与原书页帘纹一致。

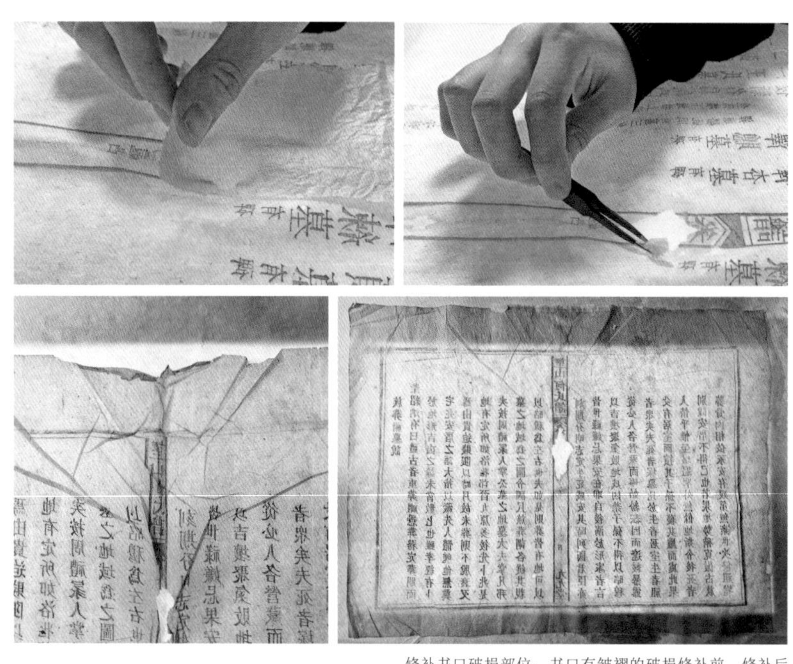

修补书口破损部位；书口有皱褶的破损修补前、修补后

对于破损面积较大的书页采用湿补法。湿补修复前，需要画开本样纸，样纸上标明书口线、栏线。先把开本样纸平铺于修复台上，再盖一张略大的塑料薄膜，注意塑料薄膜要完全贴服补书板，中间不能有空气。准备工作完成后，开始湿补程序。首先将书页正面朝下，依照开本样纸展平书页。摆放书页位置时，尽量在书页干燥状态下完成，然后逐步喷潮打湿书页。潮湿书页可喷潮，也可用毛笔蘸水打湿，打湿书页的过程也是清洗的过程。书

页完全对位和展平后，还要将书页与薄膜之间的气泡赶出，以避免后期上补纸时书页与补纸起皱，或在按压时因气泡造成书页破裂。检查无问题后，用毛巾吸掉污水，上浆，上补纸，可整张上补纸，也可集中在缺失部位上补纸。如果书页纸质很弱，脆化、絮化严重，还可先托一层皮纸加固，再在缺失部位上补纸，最后撕掉补纸与书页重叠的多余补纸。修补完成后，微微喷潮书页，覆一层吸水纸。两手从两侧连同薄膜、书页、吸水纸提起翻转薄膜朝上，吸水纸朝下，揭去薄膜，露出书页，检查书页是否修补到位。再盖一张吸水纸，吸去多余水分，再次检查没问题之后，放到压书板下压平。

（4）压平、折页

将修复完成的书页喷潮压平。因本套书页开本较大，伸缩性较强，受潮书页各部位纤维拉伸程度也不一致，较难展平，需多次喷潮压平。喷潮压平的方法，先是在最小干预原则下，尽可能少地用水湿润纸张，尝试多次后发现压平效果不理想，容易出现翘曲、褶皱。纸张纤维润胀后被拉伸，若是干燥速度过快或干燥不均匀，容易产生局部变形。于是在纸质较好的前提下，加强喷潮的程度，让纸张纤维充分受水拉伸，改变纸张干燥时由于纤维收缩产生的褶皱。充分喷潮能降低纸面干燥的速度，避免干燥速度过快或干燥不均匀产生纸张变形。同时，为减小纸张整体遇水后的变形，将含水量较多的书页夹在两张吸水纸中间，放于木板中间用石头压平定型、自然缓慢干燥。为减少受湿的纸张容易发霉的现象，可增加上下吸水纸的数量，使书页在均匀缓慢干燥的基础上，略微加快干燥速度，防止霉变。

压平后取出书页进入折页步骤。折页时注意要与原书页折痕一致，天头、地脚、书口、订口处要对齐。若遇天头地脚有些微错位，优先参照书口原来的折痕，因纸张正常状态弹性较强，轻微拉拽天头地脚直至对齐原折痕。本套书开本大，易受潮变形，所以经过折页的书页要始终放在压平机内压平。

折页

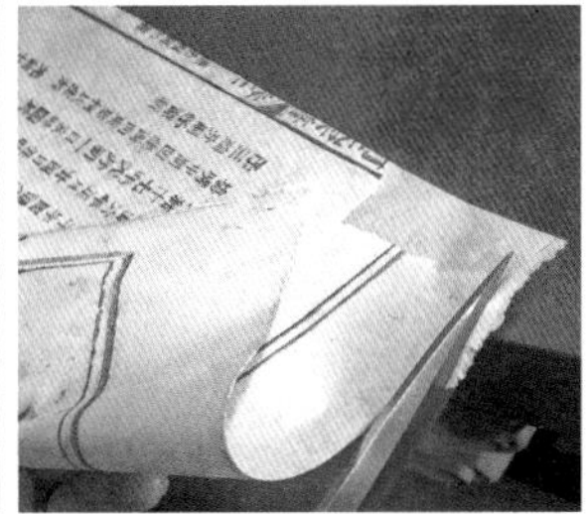
剪书

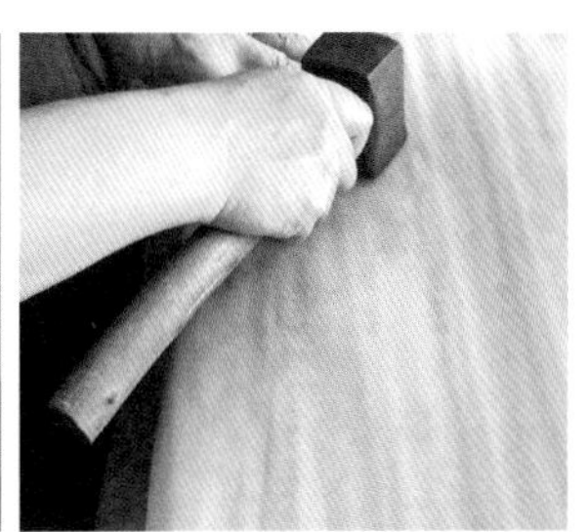
捶书

（5）剪书、捶书、齐书

折页后的书页就可进入剪书与锤书阶段。剪书页要确保只剪到书页上多余的补纸，不能剪到书页本身。遇到因大块补纸修补后不能肉眼确定书页四边准确位置时，可先画线定位再进行修剪。划线用笔要慎重，不能画到书页上，用自动铅笔或将H以上的铅笔削尖再画，同时确保修剪之后铅笔线被修剪掉。

书页在经过折页或剪书之后就可以捶书了，取十张左右一叠书页对齐放在垫有几张吸水纸的捶书板上，在书页上盖上一张薄且结实的皮纸，用平锤捶平书页因修补而凸起的部位。捶书的频率和力度要视书页纸质情况而定，纸张强度低的书页不能锤。本套宗谱纸张老化、脆化现象不严重，可以通过轻力度，缓慢捶敲使书页平整。捶书不能为追求书籍的平整，一味捶打，应适可而止。捶书、剪书完成后，将所有书页按顺序摆放，多次检查确认前后顺序无误之后齐书，墩齐书口和其余三边，还原书根。墩齐书籍是书籍还原步骤中非常重要的环节，齐书主要齐栏、齐书口、齐地脚，书籍的这两边对齐之后，订口和天头也多半都对齐了。如遇到不齐的时候，可检查是否因为没有剪齐，或者是折页时出现了问题，要及时发现问题，解决问题，最后完全墩齐，放入压书机压平等待装订成册。

（6）配补护页、封面、封底、签条，按原纸捻订、原线眼订，打纸捻，装订。

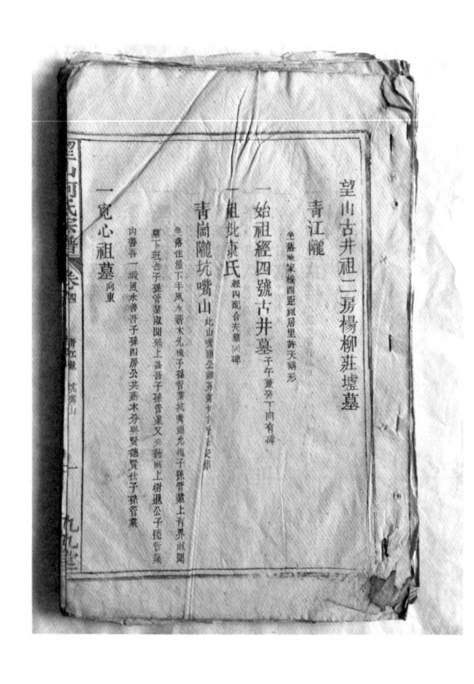

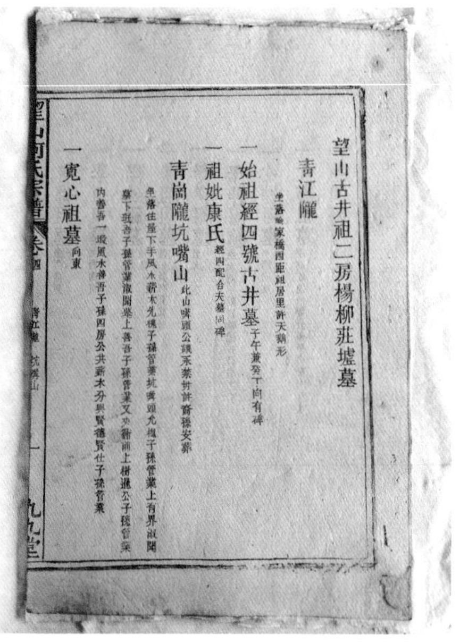

望山古井祖二房楊柳莊墟墓

青江隴

一始祖經四號古井墓

一祖妣康氏

青崗隴坑嘴山

一寬心祖墓

修复前与修复后

原纸捻眼、订眼清晰可见，书籍墩齐压平后，按原书订眼打眼，用丝线装订，最后题签，贴签，完成修复。

8. 修复心得

（1）在修复过程中，必须随时留意待修文物的纸张纸性特点，具体情况具体处理，比如絮化部位需要先加固就别先清洗、书页强度可以先修补就别先加固等，随时根据纸张破损情况调整修复方案。

（2）清洗书页时，用毛笔沾纯净水清洗受潮水渍、污渍处，注意要从水渍、黄渍的中间开始往外清洗；喷潮除污时，注意少量多次喷潮，并及时用吸水纸吸掉水分，避免产生新的水渍；每次清洗过后需要换吸水纸，且书页清洗后过潮，切勿随意翻转，纸张受潮后拉伸容易变形；使用小苏打清洗之后要及时用纯净水洗净小苏打。

（3）因本套书页开本较大，伸缩性较强，需多次喷潮压平。由于部分书页曾局部受潮，同一书页纸张纤维的收缩率会有变化，因此，在喷潮压平过程中，尝试根据纸张不同部位的特性调整喷潮的程度，使纸张干燥速度尽量保持一致，防止局部变形。还有部分书页天头大面积残缺，补上大块新纸后，因书页老纸收缩率较大，新补纸收缩率较小，书页在修完干燥后容易由于纸张收缩率不一致而形成褶皱，所以通过不同程度喷潮湿润书页的方法，让补纸和书页纸张纤维拉伸长度尽可能一致，以达到书页平整。

手工纸在成型之初，纸张纤维之间是最舒服的状态。在喷潮压平过程中，水的介入使纸张纤维变得柔软，在不施加拉扯力之下，纸张纤维会朝原本最自然的状态延伸，再施加从上往下均匀的重力，就会回归平整。中国传统手工造纸从原材料开始，经历浸泡、蒸煮、洗料、晒白、打料等多道工序，再经过捞纸、榨干、烘培将不同原料纤维组合，搭建起氢键交织的手工纸。这种传统手工纸既是整体牵连的，也是局部分散的，因褶皱致使部分纤维结构松散的地方，在经多次修整压平之后，书页纤维之间又会重新搭建起牢固的联系。

第二节 《至宝斋法帖》修复详解

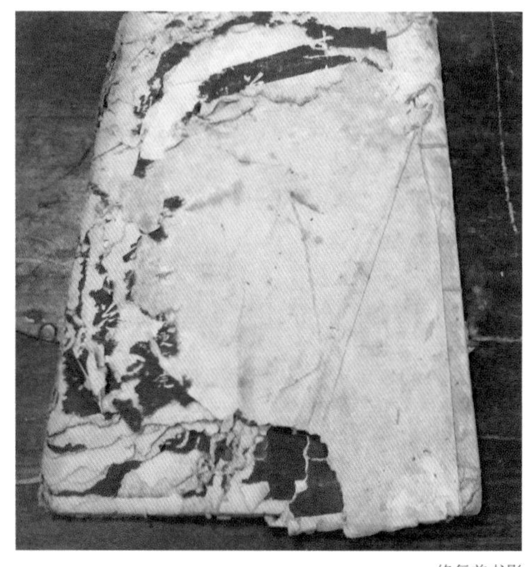

修复前书影

1. 文献基本信息

书名：至宝斋法帖

版本：清拓本　册数：1 册　页数：内页 11 页，封面护页 4 页，有衬纸

开本尺寸：修复前 24 厘米 ×14 厘米，修复后 35.5 厘米 ×16 厘米

装帧形式：修复前四眼线装，修复后六眼金镶玉装

内页纸质：竹纸，微黄，纸质弱 竖帘纹，帘纹均匀；封面衬纸较粗松，竹皮混料纸

破损等级：二级　修复人：李爱红、卢雨婷　接案时间：2021 年 3 月

2. 破损信息

本册书内页 11 页，加上封面护页 4 页，共计 15 页。破损原因主要为老化、絮化、鼠咬、磨损等，内页有缺字。封面、封底、书口处缺失严重，为鼠咬、人为磨损、纸张老化、絮化等原因导致。全书靠近书口处均破损严重，连着天头地角有大面积缺损，尤其封面及前七页地角处破损面积较大。内页中除首尾几页破损缺失严重之外，其他内页纸张也有严重絮化、老化、脱墨现象，并在局部伴有透明小洞，多见于拓印的文字上，可能与拓印用墨有关。此拓

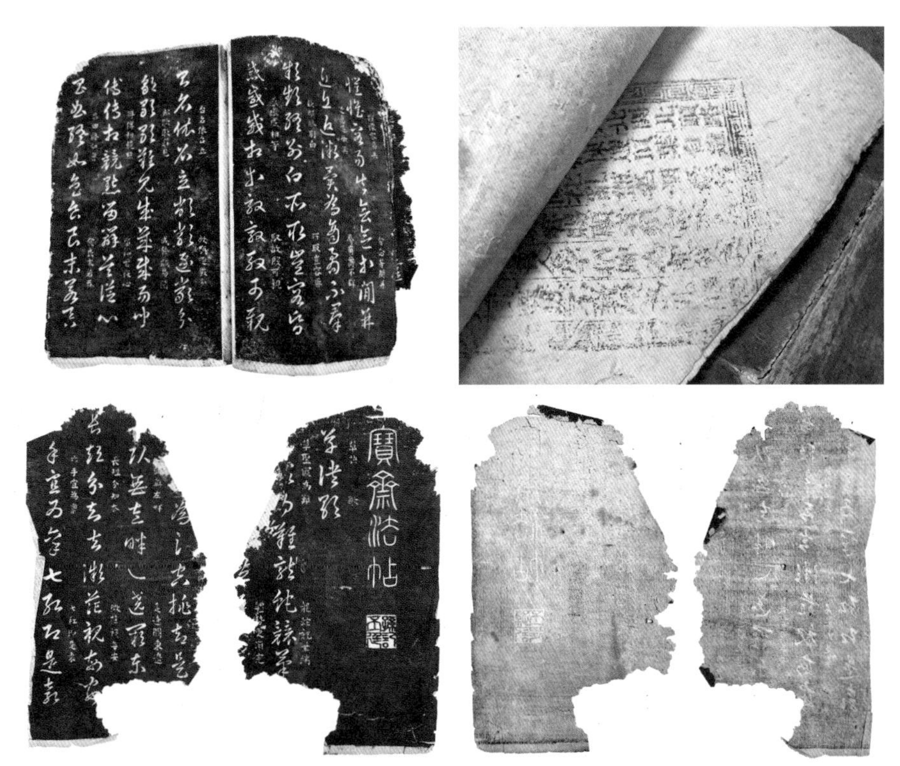

内页、内页衬纸、内页首页正面及背面

本为清代民间拓本，用墨较差，导致脱墨现象严重。全书右侧书页宽度比左侧书页短 1 厘米。第 10 页书页经前人修复过，正面观察字体有局部错位。本帖为四眼线装，订线断裂，靠近天头第一眼订线缺失，有纸捻，内页有筒子页活衬，部分内页与衬纸粘连，但粘连不紧，轻轻撕拉即可揭开。订线和纸捻有的没钉在内页上，而是钉在衬页上，衬纸和封面封底属同一种纸，纸质松软，杂质多，纤维不匀，为竹皮混料纸。大部分衬纸上有钤印，如封底护页上的钤印内容为“公利陈记青丝香烟”，或为广告及包装用纸的二次利用。

3. 检测信息

（1）纤维检测

用纤维分析仪检测纸张纤维。分别提取书页、衬页和补纸、加固薄皮纸、新衬纸等纸样，观察 4 倍、10 倍、20 倍的显微镜下纤维图。原拓片内页经过染色捶拓后，纤维短脆，纤维之间交织搭建紧密，难以分散。从边缘纤维的形态可确认为竹纤维，纤维较细短，显浅黄至浅棕色，平滑细直，弯曲度较小，少有扭曲打结现象，整体色调均匀。原拓片衬纸中含有两种纤维，一种纤维较细短，染色后呈黄色，为竹纤维；另一种纤维细长，染色后呈红色，为皮纤维，有明显横节纹；纤维中杂细胞少，杂质多。补纸汪六吉扎花属于檀皮与沙田稻草的混料宣纸，分散纤维观察，经染色后的扎花纤维里有黑色残留物，胶衣明显，样品纤维较纯净，杂质少。补纸的柔软度、光泽度、厚度与法帖的书页匹配度较高。原拓片缺字部分采用染色扎花进行修补，其余部分为尽量还原原书页状态，用汪六吉扎花染色后，以旧墨擦拓成石花作为补纸。扎花补纸经加工处理后，纤维交织紧密，难以分散，纤维表面有黑色絮状颗粒，为加工后的痕迹，与原拓片纤维相比，该纤维宽度更细。

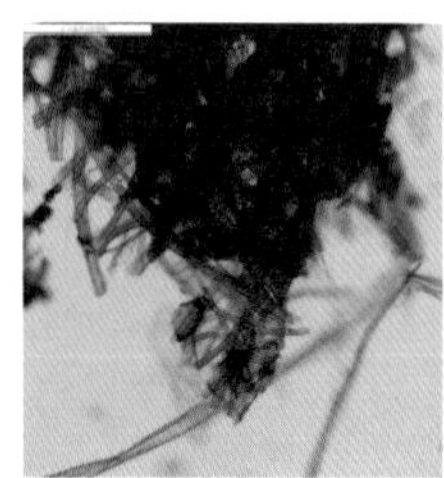
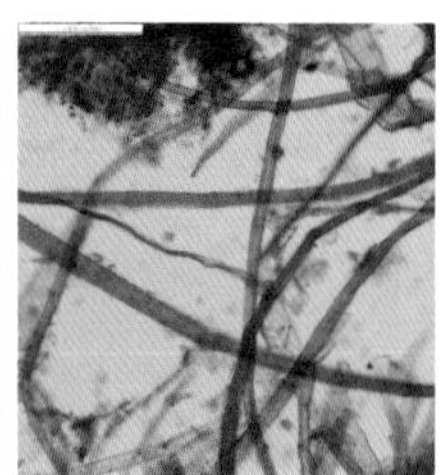
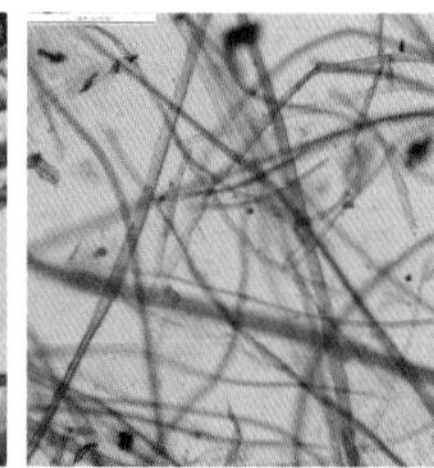
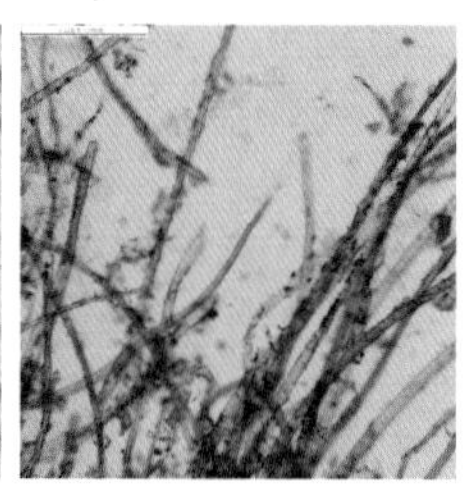

原书页纤维、原书页衬纸纤维、染色补纸纤维、石花补纸纤维 20 倍物镜

（2）外观性质、物理化学性质检测

依据各项检测数据，列表对比至宝斋法帖书页与汪六吉扎花补纸等的外观性质以及物理化学性质。

表 1　至宝斋法帖书页、衬页和汪六吉扎花、绵连外观性质对比测定

序号	名称	纤维种类	颜色	白度	匀度	杂质	手感（正 / 反）	抗水性	帘纹（cm）
1	至宝斋法帖书页	竹纸	黄黑	4.9	一般	少	平滑	一般	1.5
2	至宝斋法帖衬页	竹皮纸	黄	20.7	差	多	平滑	一般	帘纹不清
3	染色汪六吉扎花	宣纸	浅黄	40.8	一般	少	平滑 / 粗糙	一般	1.7
4	汪六吉绵连	宣纸	白	71.4	较好	少	平滑	差	1.5

表 2　至宝斋法帖书页、衬页和汪六吉扎花、绵连的物理化学性质对比测定

序号	名称	纤维种类	功能	W 定量 g/m²	T 厚度 / mm	D 紧度 g/cm³	V 松厚度 cm³/g	18°C 表面 pH 值
1	至宝斋法帖书页	竹纸	内页		0.048			6.4
2	至宝斋法帖衬页	竹皮纸	衬页		0.09			6.5
3	染色汪六吉扎花	宣纸	补纸	14.21	0.04	0.41	2.50	6.6
4	汪六吉绵连	宣纸	衬纸	23.5	0.05	0.47	2.13	6.6

通过对至宝斋法帖书页和汪六吉扎花的外观、物理及化学性质对比，通过显微镜对纤维特征的观察，法帖书页匀度一般，杂质较少，存世有一定年岁，有老化倾向。书页补纸分为两种：一类浅黄色补纸，纸质柔软，色度略浅于法帖书页，厚度也略薄于法帖书页。从我们手中已有竹纸数据库中，暂时未能找到与之匹配的竹纸，退而求其次，选择外观视觉上接近书页纸的汪六吉净皮扎花纸，稍做染色，使补纸在纸面质感、光泽、厚薄等方面接近原书页。另一类作为法帖补缺部分，将汪六吉扎花染色后，以旧墨打拓加工成石花补纸。为尽量还原原书页状态，对该纸进行了不同程度的实验，以达到最优效果。此次修复使用过三种石花，分别为最初打拓的石花、第二次打拓的石花，以及经老化处理的石花。最初的石花与第二次的石花纤维形态相同，老化处理的石花在分散过程及显微镜下呈现的紧实度和纤维残破度更倾向于原拓片内页。

原书页衬纸大概为民国时期商业包装纸，或做广告宣传使用，纸质疏松，杂质多，因有许多含文字、图案信息的钤印，具有史料和艺术价值，另做保存修复存档。新衬纸也选择柔软度更高、比原衬纸更薄的汪六吉绵料绵连做金镶玉活衬。

4. 修复方案

（1）本册法帖不缺页，全书共 15 页，有双衬页，衬页在订口处扩展出书页 1.5 厘米作为书脑。衬页并未完全镶死在内页上，轻轻干揭即可与书页

剥离。因大部分衬页上都有蓝色商标或广告宣传钤印，故决定将 11 页衬页取出，另做保存修复。因本法帖内页纸张损伤严重，尤其地脚、天头及书口处，订口因有衬页保护，保存尚可，为保护书页，决定仍然对书页进行活衬，并采用金镶玉的活衬形式。这样做一方面可恢复原法帖衬页书脑部分，另一方面可保护天头地脚，活镶也很好地保存拓片原貌，保持书页原本柔软的状态。

（2）本法帖配纸方面比较复杂，首先封面、封底要重新配纸，原封面和封底是民国时期质地疏松、杂质较多、强度较低的包装广告用纸，且破损严重，封面、护页与衬页属同一种纸，需要重新配封面纸和衬页纸。从装帧和保护角度出发，选择经托裱过的淡青色花绫做封面封底，厚薄适宜、色度适宜的汪六吉棉连用作金镶玉衬纸和护页用纸。法帖内页配纸选用经染色固色处理的汪六吉扎花做补纸，并将染色补纸在合适的石头上拓出石花，做备用补纸。还要染色薄皮纸，用在加固书口开裂处及书页严重絮化部位。

（3）针对书页破损与絮化程度不同，选择湿补与干补两种方法。补页完成后，用棉连纸做金镶玉活衬，最后打纸捻，上书皮，做六眼线装。

5. 配纸信息

（1）经染色、固色处理的汪六吉扎花；经染色、墨拓、固色处理的汪六吉扎花（厚度：0.04 毫米），用于修补书页缺失部位，破损处。

使用原因：本册法帖书页虽大部分是拓印墨色，但从字迹笔画和书页背面目测，可以确定原书页颜色为浅黄色，纸张较薄，横竖帘纹清晰可见，选用栗子壳水染过的扎花作为补纸从外观看较符合。经染色、固色处理的汪六吉扎花用于修补内页中有字迹或没有拓墨的书页部分；经染色、墨拓、固色处理的汪六吉扎花用于修补书页中有墨拓的破损部位，这种在石板或木板上用墨打拓的纸张被称为石花，也叫墨条。石花的拓制非常讲究，要与原拓本上的石花尽量一致，所以选择石板和木板的纹理也有要求，还有用墨，原拓用的什么墨色，要尽量接近；另外，传拓的方法也要一致，原拓是擦拓的，石花的拓制方法也要擦拓，原拓是乌金拓的，石花也要用乌金拓，这样配置出来的石花补纸才能与原书页协调。通过仪器检测，经染色的扎花纸在密度、厚度、帘纹等方面与原书叶基本匹配，补纸 pH 值 6.6，符合纸质文物修复的标准。

（2）经染色处理的安徽潜山薄皮纸（厚度 0.02—0.03 毫米），用于连接加固书口开裂部分和书页老化、絮化部位。

使用原因：对厚度大约在 0.02 毫米的安徽潜山桑皮纸稍做染色处理，使白色薄皮纸略带点黄色，这样是为了让皮纸在加固书页时不至于使皮纸的白色从书页背面将书页衬白，改变原书页的色度。桑皮纸经过检测，在 pH 值、耐折度、撕裂度、厚度等方面都符合纸质文物修复用纸的要求。

（3）汪六吉绵料绵连（厚度 0.05 毫米），用于书页金镶玉衬纸。

使用原因：原书衬页上有蓝色商标或广告宣传钤印，且原衬页为拼接纸，纸张薄而小，计划另做保存修复。选用汪六吉绵料绵连作为衬纸比较合适，汪六吉绵料绵连纸张白度、匀度、厚度都适合作为本册书的金镶玉衬页，同时绵连纸在杂质含量与 pH 值等方面都达标，适宜用于修复。

6. 修复过程

（1）拍照记录书影，测量开本尺寸，详细记录书籍破损细节。拆揭书页，取出订在衬纸处的蚂蟥襻，用干揭法揭去衬纸，在书页背面用铅笔标明序号，以防书页还原时顺序出错。检查书页时发现有轻微掉墨现象，放入蒸锅隔水蒸半小时，缓解书页掉墨现象。

（2）准备补纸。在纸库中寻找以前染好色的扎花纸，旧染扎花纸经过长时间保存，颜色不易脱落。因为在现存纸库中没有找到外观上与原书页匹配的石花，所以只能寻找合适的石板，用旧染扎花现场打拓石花，打拓的石花要与原书页墨色纹理接近，打拓时掌握好打拓的墨色和纹理。经过打拓的石花还要上胶矾水，并放到蒸笼中隔水蒸半小时固色。因本册书页破损严重，旧染扎花不够，再用栗子壳水染出足够量的扎花，同时浅染一些加固用的薄皮纸，新染的扎花同样需要隔水蒸半小时以固色。加工完补纸后，还要用检测仪器测定补纸和书页的匹配度，在符合要求的前提下才能使用。

用栗子壳水刷染扎花

（3）修补书页。针对本册书页破损程度不同，对较结实的书页采用干补法，对破损、絮化严重的书页采用湿补法。因书页缺失较多，需要有开本样纸做参考。修补前在吸水纸上画出书页开本尺寸，宽 28 厘米，高 24 厘米，版心中间书口中线也要画出，置于透光补书板上。干补时，将书页正面朝下展平在开本样纸上，稍稍喷潮，对齐书口，发现右侧书页比左侧书页窄 1 厘米，需要用宽度大于 1 厘米、长度 24 厘米的石花长条对右侧书页进行加宽。先用扎花墨条修补书页书口大块缺失部位，再用薄皮纸连接裂开书口。用染色扎花补纸修补书页中缺失笔画的破损处，无字迹笔画的缺损部分用扎花墨条修补。修补时注意帘纹与原拓片相同。此拓片为横帘纹，在撕墨条补纸多余部分时，较难撕下，必须非常小心。本书页厚薄不匀，有些拓字部分几近透明，过薄处以浅色补纸加补，较薄处以皮纸加补。另外，书页破损边缘纸张脆化、絮化严重的部位，先用皮纸定位加固，再将多余皮纸撕干净，做到不外露到书页正面，这样方便后期对缺损部位的修补。

对老化、絮化严重的书页采用湿补的方式。湿补前，在画有开本样纸的吸水纸上覆一层塑料薄膜，使薄膜和透光修复台完全贴合。将书页展开，正面朝下平铺在薄膜上，依照开本样纸摆好位置。可以一边摆放位置一边喷潮，将书页逐渐打湿清洗，去除水渍污渍，淡化书页表面黄斑，使书页干净整洁。开始湿补时，对纸质较差、絮化严重的部位，先用染色皮纸加固，然后用染色扎花对缺字部分进行修补，再自然过渡到用扎花墨条修补。本册书页大部分书页天头缺失部位用扎花墨条修补，书页地脚因有一条浅黄色边，所以大部分用染色扎花修补。第 10 页书页左侧背面有一长条经前人修复过，书页只是开裂，并未破损，不需要用补纸补，且从正面观察字体有歪斜、未对准的现象，故将其揭下，重新对准字体，再改用两层薄皮纸进行加固。

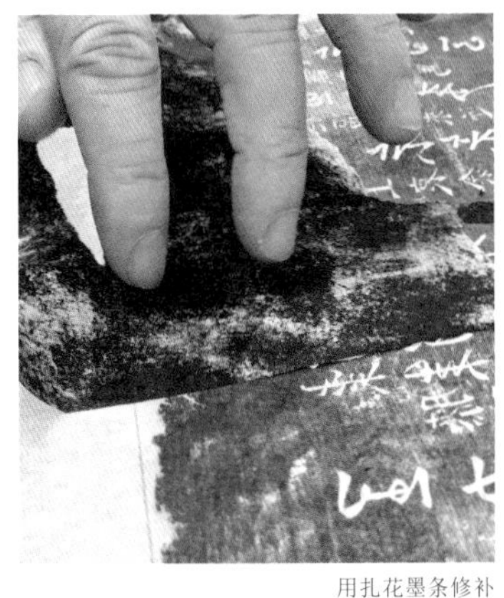

用扎花墨条修补

书口修补之后

书页右侧加补一条墨条

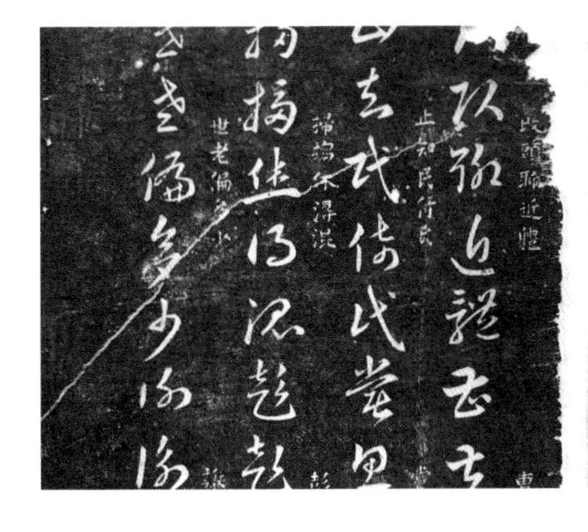

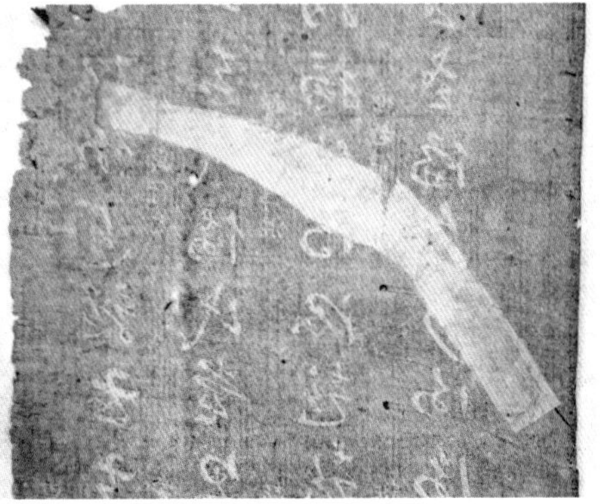

第 10 页经前人修复过的书页正面与背面

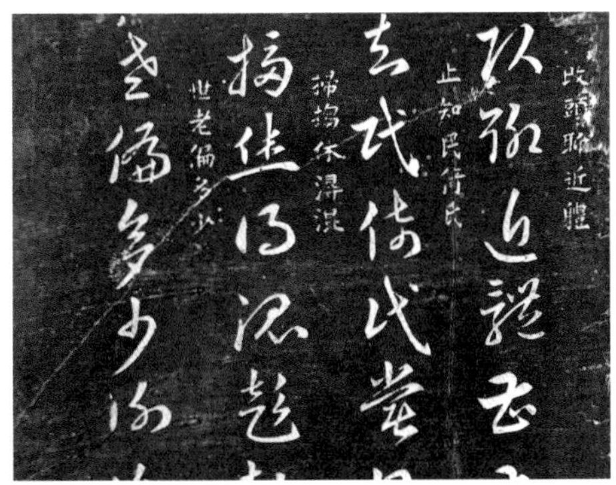

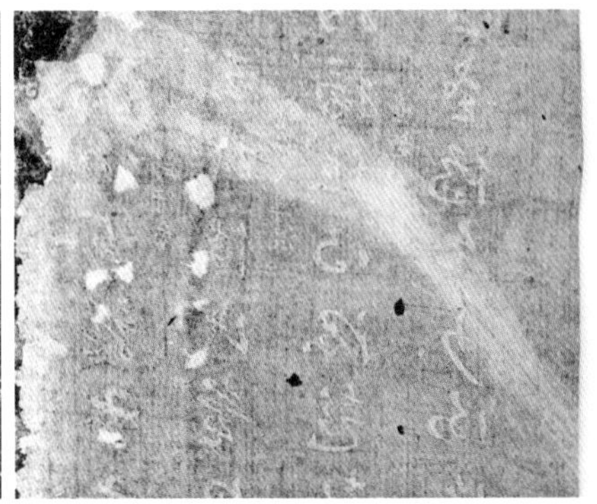

第 10 页重新对位修复之后的正面与背面

（4）折页、剪边。内页 11 页修补完成后，将其喷潮压平，所有书页均压平后进行折页，将书页放在透光补书板上，按顺序以版心原折痕为准进行复位，因部分书页版心有缺损，无原折痕可参考，故参照对齐原书脑两边的定眼，同时对照书脑、天头、地脚三边。折后开始剪边，用铅笔按原书页大小画边线后进行修剪，检查顺序后墩齐，放进压书机压平。本书书页因纸质较差极易起皱，压平后置于空气中很快会再次起皱，故需要一直放在压平机下压平，压力不宜过大。

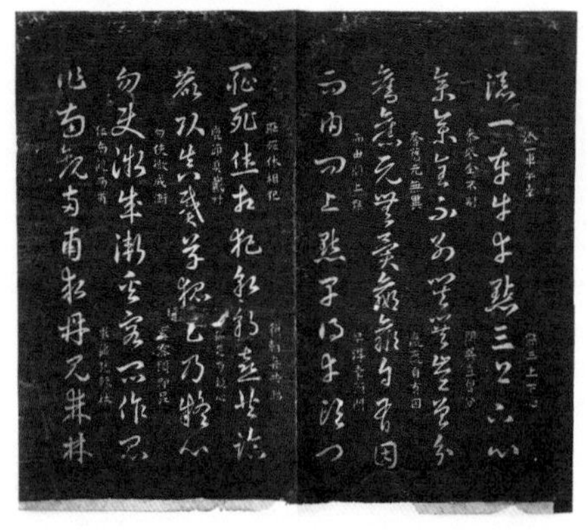

修补、压平、折页、剪书之后

展开的书页正面和背面

（5）金镶玉活衬书页。首先确定法帖金镶玉之后的开本，确定天头 7.5 厘米，地脚 4 厘米，书脑 2 厘米左右，法帖内页原开本为 24 厘米×14 厘米，金镶玉之后开本为 35.5 厘米×16 厘米。依据这个方案，准备的衬纸展开尺寸为 47 厘米×36 厘米，将选好的汪六吉绵料绵连依据上面的尺寸裁切 13 张。墩齐衬纸，铺在台面上，用直尺压住衬纸，放一张书页在衬纸上，给书页定位，天头预留 15 厘米，地脚预留 8 厘米，两边各留 4 厘米，用针锥在书页

金镶玉折边及折页

下方两个书角上给整叠衬纸扎眼定位；将书页按顺序从下往上依照针眼位置放到衬纸中；然后分别折衬纸四边，折完后依照书页中缝对折衬纸和书页，完成每张书页的金镶玉活衬。

（6）齐栏打眼。对金镶玉衬页之后的书页进行齐栏，考虑到每张书页尺寸并不完全一致，且书页地脚书口处均破损较多，并用浅黄色扎花补纸补过，而天头书口处是较整齐的墨拓书页。因此，齐栏打破了常规的齐栏方法，没有对齐靠近地脚的栏，而是对齐天头的栏，这样视觉上比较整齐。墩齐后再次检查书页顺序，确认无错后，在书页前后各加两张护页，将书页墩齐打蚂蟥攀。注意两边两对纸捻眼呈八字形打在衬纸和书页上，订眼要垂直，将四个蚂蟥襻分别插入四对订眼内，拽紧蚂蟥襻，最后用木锥捶打压实。订眼完成后，进裁纸机将金镶玉多余的部分裁掉。

（7）上书皮订线。考虑到要将拓本做得雅致，故选用淡青色花绫做封面。上书皮选用四勒口扣皮的形式，裁好两张四边比书页均长 1 厘米的经过托裱的花绫封面纸，注意封面、封底花纹朝向相同，最后四边勒口完成装书皮，打六眼孔，用中号丝线装六目装。

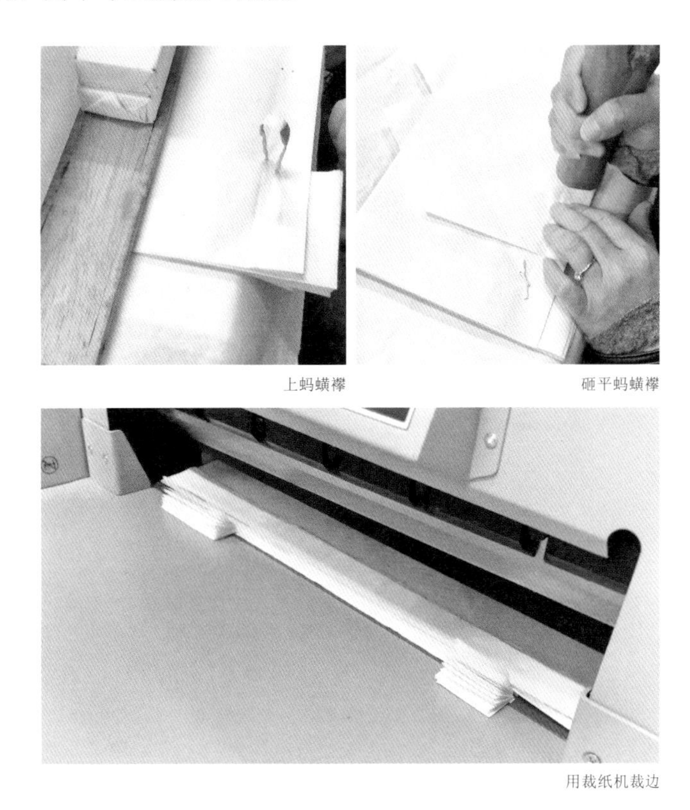

上蚂蟥襻　　砸平蚂蟥襻

用裁纸机裁边

勒边

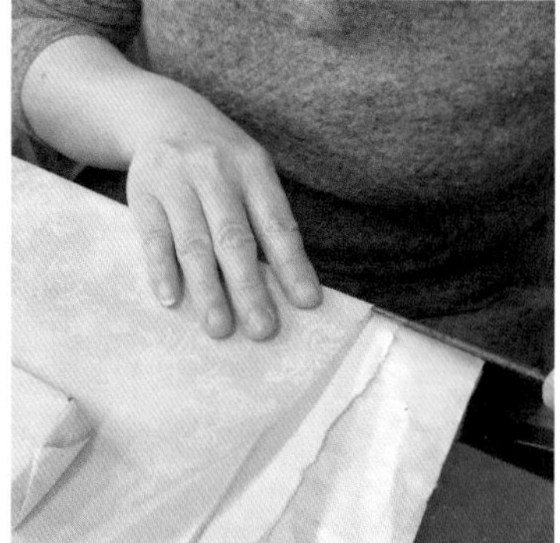

用针锥齐书皮

勒口减去重叠部分

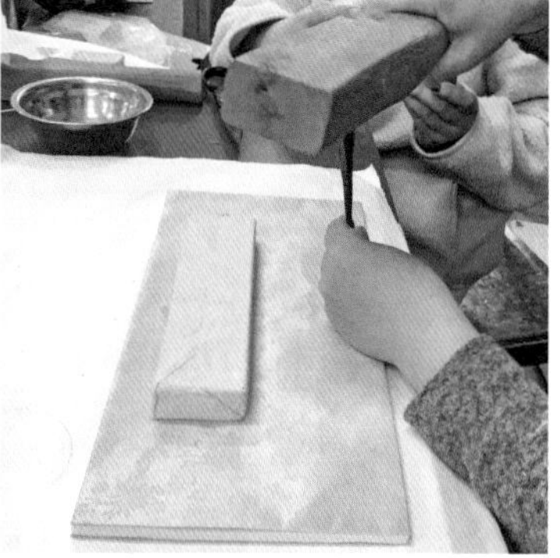

打订眼

订线

修复后内页

完成装订贴签

第三节 《有乐斋人物故事画》修复详解

修复前书影

1. 文献基本信息

书名：《有乐斋人物故事画》

版本：江户时代套色和刻本　册数：1 册　页数：内页 9 页，封面 2 页

开本尺寸：修复前，12 厘米 ×16.7 厘米；修复后，12.8 厘米 ×21.1 厘米

装帧形式：四眼线装　内页纸质：皮纸，质地细腻，纤维长，有韧性

破损等级：四级　修复人：李爱红、黄瑜　接案时间：2021 年 3 月

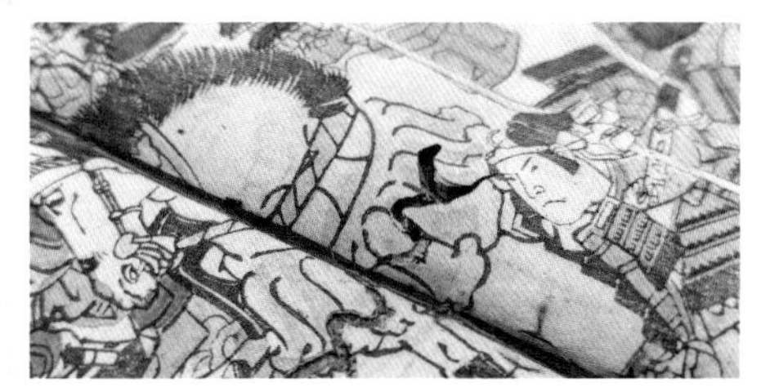

内页墨块污迹；地脚缺损；内页书角磨损絮化；内页虫蛀

2. 破损信息

整册书页封面、封底完整，无页面缺少。封面、封底纸张外观来看是由杂质较多的皮纤维抄制而成，纸质疏松，纹理粗糙，不如内页纸张细腻，因是两层，厚度较厚，四边有勒口，但无护页相衬。内页纸张品质较高，为平滑细腻的浅黄色薄皮纸，大部分保存较好，极少部分内页局部老化严重，局部纤维因磨损絮化严重，部分书口裂开并伴有残缺，书口地脚泛黄老化。四个书角都有不同程度磨损，尤其靠近书口的上下两个书角。内页每页皆有不同程度的虫蛀，有的甚至是贯穿性虫蛀；局部有墨迹污物侵蚀，造成污迹斑块，无法去除，部分页面有局部被人为墨迹涂鸦；封面有手绘图案，因磨损和皮纸长纤维被牵扯拉拽，使封面图案上的笔墨颜料被牵拉错位甚至被拉扯掉，图案局部残缺模糊。

3. 检测信息

（1）纤维检测

用纤维分析仪检测纸张纤维。从待测样品中取少量纸张纤维（不小于 2 毫米 ×2 毫米），滴蒸馏水揉搓松软纸样纤维，置于干净的载玻片上，滴 1 ～ 2 滴染色剂对纸样纤维染色，用解剖针轻轻拨开，使纤维样品均匀分散并平铺开，用滤纸片小心吸走多余染液，盖上载玻片后，使用 XWY-VIII 造纸纤维分析仪观察纸张纤维的显微形貌。分别提取原封面、内页、补纸、加固皮纸、金镶玉衬纸五种纸样的纤维，观察显微镜下纤维图。

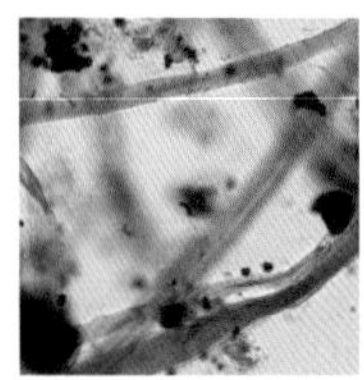

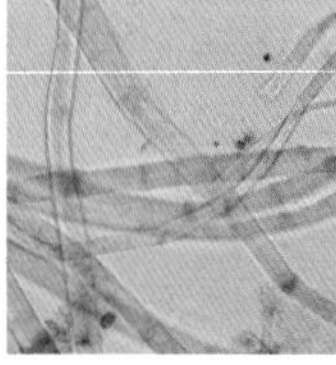
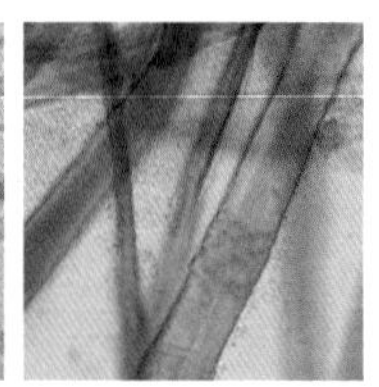

封面纤维、内页纤维、补纸纤维、加固皮纸纤维、金镶玉衬纸纤维的 40 倍物镜

原封面纤维图：有锈状颗粒杂物，可能为封面表面加工工艺或老厚浆糊沉积，纸张皮纤维经染色呈淡酒红色，只有一种皮纤维，无杂质，纤维呈带状，宽度均匀，部分纤维无明显横截纹，细胞壁较薄，部分纤维细胞外壁包裹一层透明胶衣。

内页纤维图：纤维经染色呈酒红色，整体干净，无杂质；皮纤维细长柔韧，横截纹不明显，部分纤维的外壁包裹有胶衣；纤维前端帚化程度高，基本没有杂细胞，说明打浆程度高；纤维旁有吸附絮状颗粒，或为加工处理过的迹象。

补纸（贵州迎春皮纸）纤维图：纤维经染色后呈暗酒红色，纤维较长，两端尖细，形态多自然弯曲；纤维细胞壁上有明显的横截纹，纤维之间散落许多碎絮状的纤维颗粒；部分纤维的外壁包裹胶衣。

加固皮纸纤维图：染色后纤维整体呈淡金黄色，纤维长；外观呈圆柱形，多呈挺直状，轮廓清晰平滑，横节纹明显；间有草浆导管细胞等和蓝紫色纤维。

金镶玉衬纸（安徽楮皮纸）纤维图：发现有两种纤维，楮皮纤维长，宽度窄，染色后呈深酒红色；另一种纤维染色较轻，看上去比较柔软，呈带状，宽度为楮皮纤维四倍左右；整体纤维图像干净，无杂质细胞或导管细胞，但有较多碎絮状的纤维颗粒。

（2）外观性质、物理化学性质检测

依据各项检测数据，列表对比《有乐斋人物故事画》封面、内页与贵州丹寨石桥黔山迎春皮纸等的外观性质，以及物理化学性质。

表 1 《有乐斋人物故事画》封面、内页与贵州迎春皮纸、安徽楮皮纸外观性质对比测定

序号	名称	纤维种类	颜色	白度	匀度	杂质	手感（正 / 反）	抗水性	帘纹（cm）
1	有乐斋人物故事画封面	混料	灰黄	32.39	差	多	平滑 / 粗糙	较好	不明显
2	有乐斋人物故事画内页	皮纸	浅黄	41.30	良好	少	平滑	强	不明显
3	贵州丹寨黔山迎春皮纸	皮纸	浅黄	52.20	良好	少	平滑	强	不明显
4	安徽楮皮纸	皮纸	白	72.60	良好	少	平滑	较好	1.5
5	加固皮纸	皮纸	白	25.06	良好	少	平滑	强	不明显

表 2 《有乐斋人物故事画》封面、内页与贵州迎春皮纸、安徽楮皮纸物理化学性质对比

序号	名称	纤维种类	W 定量 g/m^2	T 厚度 / mm	D 紧度 g/cm^3	V 松厚度 cm^3/g	18°C 表面 pH 值
1	有乐斋人物故事画封面	混料		0.255			6.4
2	有乐斋人物故事画内页	皮纸		0.075			6.8
3	贵州丹寨黔山迎春皮纸	皮纸	12.8	0.04	0.41	2.50	6.6
4	安徽楮皮纸	皮纸	21.7	0.07	0.47	2.13	6.7
5	加固皮纸	皮纸		0.02			6.8

通过对《有乐斋人物故事画》内页和贵州丹寨黔山迎春皮纸的外观、物理、化学性质对比，以及显微镜对纤维特征的观察，故事画内页和贵州迎春皮纸均为皮料纸，匀度良好，杂质少，颜色均为浅黄，迎春皮纸略浅于故事画内页纸。从纤维图观察，纤维清晰可见，皮纤维特征明显，纤维经染色均呈酒红色，整体干净，无杂质。皮纤维细长柔韧，无杂质细胞，打浆程度高；书页与补纸纸张厚度、紧度、松厚度、白度接近，纸样表面pH值都趋向于中性，符合配纸需求。原书封面由两层纸托成，表层为皮纸，揭掉里层较粗糙一层，另配皮纸托裱。因本册书内页较薄，开本较小，天头地脚等四边非常狭窄，为保护书页，配安徽楮皮纸做金镶玉活衬。安徽楮皮纸经检测，杂质含量少，纸张平滑度、耐折度、耐撕裂度都较好，纸张白度也适合做本册书页的活衬金镶玉装。

4. 修复方案

（1）《有乐斋人物故事画》为套色浮世绘和刻本，开本较小。相对开本来说，本册书的版心较大，因此天头地脚等四边较小，尤其订口书脑部分特别狭窄。为更好地保护书籍内页，保护画面完整，延长书籍使用寿命，在修复方案上选择做金镶玉装，这样一方面保护书籍，一方面也使原本过薄的书籍变得稍微厚重一些。

（2）本册书整体破损不严重，但污渍较多，可能是书籍翻阅次数多，读者年龄较小，留下涂鸦墨迹，难以清除，加上皮纸纤维长，长时间摩擦也导致长纤维皮纸遭到污损破坏。对于书页内墨迹污物侵蚀造成的污迹斑块，采用逐张热水划洗，淡化污迹黄斑，再用吸水纸吸去污水，使书页干净整洁。

（3）本册书籍为4级破损，采用干补法。对书口靠近地脚有老化、絮化的部位，用贵州迎春皮纸干补，补纸边缘不超过2毫米，书口开裂处用薄皮纸溜口连接；天头地脚絮化严重的部位用薄皮纸溜边加固，破损处用贵州迎春皮纸补破，未破损但开裂处用薄皮纸连接加固。书页内有虫蛀小洞的部分，同样用贵州迎春皮纸修补。

（4）将原书封面揭开，去除粗糙的托纸，用贵州迎春皮纸托心，用作内封面。选用安徽楮皮纸做金镶玉衬纸，最后选配新封面、封底用纸，完成装订。

5. 技术难点

（1）书页内有墨迹污物侵蚀造成的污迹斑块，需用热水漂洗，淡化污迹黄斑，用软刷、镊子细心清除脏物。墨迹和人为涂鸦仅用热水不能去除，但本册书页纸质较薄，皮纸纤维较长，为了不损伤套色浮世绘的画面色彩，选择保守清洗方法。

（2）书页内虫蛀小且繁多，部分还是贯穿性虫蛀，在修补时需要极大的耐心，让补纸边缘尽量少留，有些部位还要做到平补，撕皮纸由于纤维长，不像竹纸那样容易撕，所以撕余边有些难度。

（3）选择合适的金镶玉配纸，并在最小干预开本大小的前提下，增加天头地脚和书脑。因为本册书籍的展开页画面内容是连贯的，所以在设计书脑大小时，要计算好订眼的宽度，不影响书籍画面展开页的连贯视觉效果。

6. 配纸信息

（1）贵州丹寨黔山迎春皮纸，用于修补书页缺失部位及破损处。手工造纸厚薄不一，修补过程中根据书页厚薄选择补纸合适的厚薄部位对应修补。

使用原因：本册书籍为日本早期和刻本，书页纸质为日本皮纸，很难在国内找到与其一致的纸张，只能寻找类似的皮纸。在贵州丹寨黔山皮纸中寻找外观特征类似的皮纸，大致选择了迎春 001 号、迎春 002 号系列皮纸，最后通过仪器检测，确定选用迎春 002 号皮纸作为书页的补纸。

（2）安徽潜山薄皮纸，用于连接加固书口开裂部分和书页老化、脆化部分。

使用原因：该薄皮纸纸质纤维纯度高，耐撕裂度高，透度强，色泽与厚度都适合作为加固纸使用。将薄皮纸稍做染色，染出几个不同色阶的浅黄色薄皮纸，用在书页加固与溜口的不同部位。

（3）安徽楮皮纸，用于书籍金镶玉的衬纸。

使用原因：本册书籍为日本皮纸，又是套色浮世绘，画面精彩，版心较大，展开页画面连贯，为保护画心，增加书脑，不得已加金镶玉，所以对衬纸要求很高。要选择与原书页相匹配的质地，最好还是皮纸，经比对发现颜色略浅于原书页更符合古书的年代气质，但也不可太深，产生突兀感。最后确定选用安徽楮皮纸，它在质地、色泽、厚度等方面都适合本册书页的金镶玉装。

7. 修复过程

（1）拍照与拆分书页。拍照记录破损书影，测量书籍开本尺寸，详细记录页数及破损细节，便于修复完成之后撰写修复档案。剪断订线，拆分书页，拆书前先要对书籍内页编号，用铅笔在书脑装订处注明书页顺序，以便后续还原书籍时能够确保装订排列顺序准确。

（2）配纸。经过仪器检测书页与补纸信息之后，在实际配纸修复过程中，发现略薄一层、略浅一色的贵州迎春补纸和原书页皮纸在视觉上区别较明显。为了尽量做到视觉上与原书页接近，经过反复试验，最后决定在修补书页背面补破处再增加一层染色薄皮纸。这层用于加固的安徽潜山薄皮纸经栗子壳染色后，加补在贵州迎春补纸上，使其在色度与厚度上都与原书页接近。

（3）去污。由于本册书籍封面及内页局部有墨迹污物的侵蚀，造成污渍斑块，因此在拆揭书页后需要对书页中的尘垢、污迹进行清洗。本册书页纸质较好，由于其为彩色套印本，为防止书页遇热水掉色，可先在书页下垫吸水纸，对表面有污迹无画面的部分少许点热水使其受潮，然后快速在上面覆吸水纸按压，发现并未掉色，证实此册书籍套色印刷质量佳，可用热水清洗。将书页正面朝上垫在吸水纸上，展平，用软排刷蘸热水在书页表面轻轻划洗，注意不要带动书页皮纸上的长纤维，不能拉毛书页表面，尤其关注有画面部分的纸张纤维。对本册套色浮世绘故事画书页的清洗，采用保守清洗法，不使用化学清洗剂，以免伤及画面鲜艳的色彩，待将来有条件再去除书页中的涂鸦与墨迹。

热水清洗，污物基本去除，墨迹涂鸦去除不掉

修补之前正面，破损处纤维未理顺

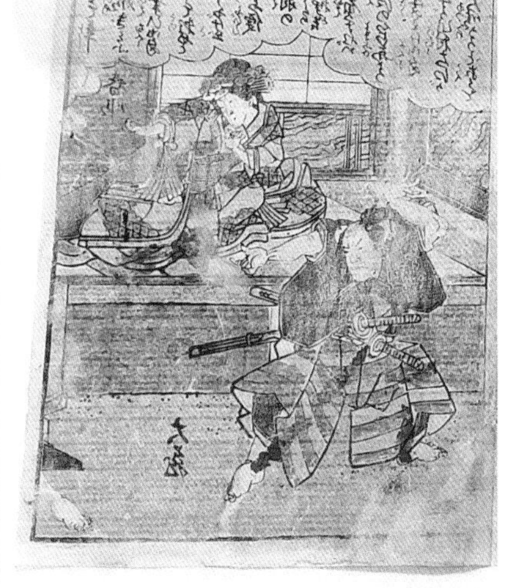

修补之后背面，补纸边缘纤维也要理顺

（4）修补内页。书页纸质为皮纸，韧性较好，可采用干补法。在透光补书板下垫一张吸水纸，将清洗后展平晾干的书页正面朝下放在吸水纸上，开始修补。修补前，理顺破损边沿的纤维，注意书页破损边沿的长纤维一定不能缠绕在一起，要顺着纤维原来的方向牵直，点浆水也要顺着纤维的方向，浆水可以稀一点，点浆水可以适当涂多一点面积，这样补纸粘上会变潮湿，也便于撕下，也可保证补过的书页不硬不厚。因为本册书页所配的贵州迎春补纸比书页皮纸稍薄稍浅一些，所以在补完第一层贵州迎春补纸之后，再补一层安徽潜山染色薄皮纸，以使补纸与书页在厚度与白度上更加接近。因为是补两层皮纸，在补第一层贵州迎春皮纸时，补纸搭边可以尽量少一些，在 1 毫米至 2 毫米之间，类似平补的效果，补第二层安徽潜山染色薄皮纸时，搭边可以多一些，这样使得补纸牢固粘实在书页上，而且书页在经过修补之后也会更平整。在撕拉补纸多余部分时，注意撕扯的纤维也要理顺，皮纸纤维长，撕扯边缘不像竹纸、宣纸那样方便，这是皮纸类书籍修复应该注意的事项。在修补过程中，应始终注意保持书页处于平整与半潮湿状态。修复书口开裂处时，先用薄皮纸溜口加固，再对缺损处用贵州迎春补纸修补；天头地脚絮化与磨损严重的部位用薄皮纸溜边加固，缺损处用补纸补缺。修补本册书籍虫蛀部分时，需要耐心且要求补纸边沿尽量少留，以便书籍后期还原平整。

揭掉原封面和封底托纸

（5）修补封面。原封面、封底经过托裱，托纸较差，四边勒口，封面有手绘图案，封底有字迹笔画，不清晰。因封面纸为皮纸，除局部虫蛀之外。皮纸长纤维磨损严重，纤维被拉扯，使得手绘图案墨迹和颜色局部模糊不清，为保护封面手绘图案，揭掉原封面旧托，做筒子页改装，重新托上新皮纸，使其成为内封面。原托纸与封面粘接不紧，干揭即可揭掉。修补封面采用湿补法，绘制展开页开本样纸，样纸上铺塑料薄膜，用棕刷排刷塑料膜赶出空气，湿补封面上破损缺失部位，再完整平补半张空白书页，最后刷稀浆托一层薄皮纸，晾干压平，完成封面封底修复。

修复后封面、封底

（6）折页，剪边，捶平。书页修补完成后，需用喷壶均匀喷潮，然后一页页平整舒展地放在干净吸水纸中，压上压书板，放上压石等重物压实。待书页晾干压平后，将书页以版心原折缝为准进行折页复位。折页后将书页因修补而多出的补纸剪掉。剪边需用质量上乘的长剪刀，切忌伤及书页。折页剪边后，检查书页是否平整，如果书页因修补出现凹凸不平，需用平面软铁锤将凸起部位锤平。注意捶书一定要轻，切不可使书页内部纤维受伤，降低纸张强度。

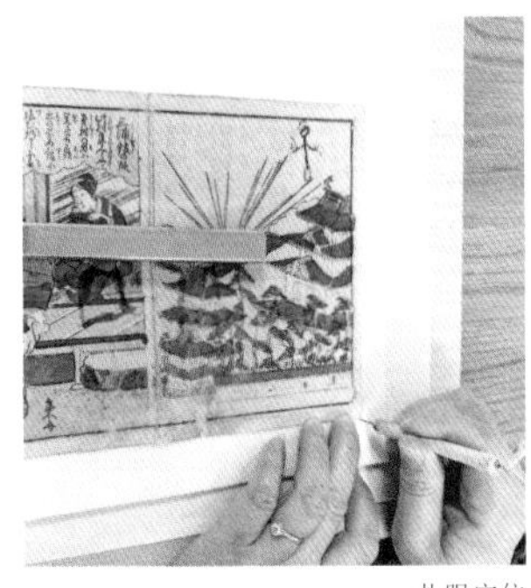
扎眼定位

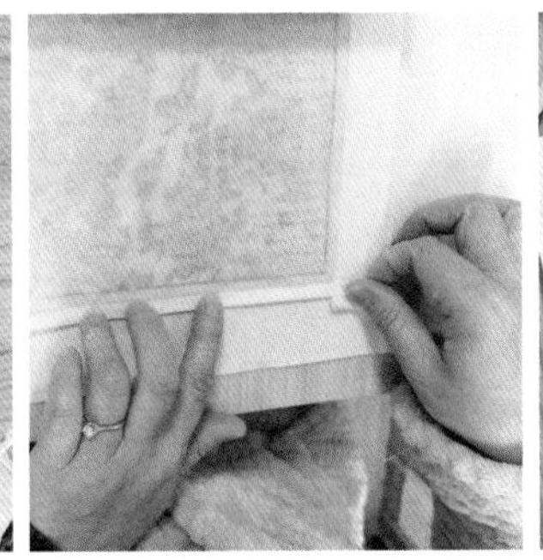
折边

折页

（7）金镶玉衬页。本册套色浮世绘虽然开本不大，画面却很满，天头地脚宽度几乎一样，都是 1 厘米左右，比较窄，书脑处更窄。做金镶玉活页装是为了保护画心，也是为了让书籍外观更美。通常传统线装书天头较宽，约为地脚的两倍，所以确定本册书籍金镶玉的天头宽为 3 厘米，地脚宽为 1.4 厘米。由于本册书内页展开页为连贯画面，书脑不宜过宽，够订线即可，所以确定书脑宽度为 0.8 厘米。以此为基准，计算衬纸尺寸为 25.5 厘米 ×27.2 厘米，依照以上尺寸，裁出所需衬纸大小。衬纸的选择在前面配纸环节已做详细说明，此处不再赘述。将裁好的 14 张衬纸墩齐，正面朝下铺在修复台上，将压平的书页取一页放在衬纸上定位，上边距离天头 6 厘米，下边离地脚 2.8 厘米，左右边各留 1.6 厘米，用针锥在书页下方两个书角处各扎一个眼，即固定两个角，要把衬纸全部扎透。注意全程需用镇纸或直尺等压在衬纸上部，以固定衬纸使其不至于移动，书页至下往上依据针眼的位置，正面向下铺在衬纸上。此后折回衬纸余幅，使折回的边与书页的边刚好契合，先折天头、地脚，再折两边书脑。折书脑时，要将书脑与天头地脚的衬纸重合处用马蹄刀裁切开。完成折边后，连同书页齐中折衬页，最后依顺序墩齐书页，注意对齐原书页的地脚边。因本册书籍内页栏框长短不齐，无法对齐栏线，因此以对齐地脚和书口为准。金镶玉衬纸完成后放入压平机压一晚，第二天再次墩齐书口和地脚，注意对齐原书页的地脚线，最后打纸捻，做蚂蝗襻草订书籍，用裁纸机裁切订口一边多余部分。

（8）上书皮装订。四边勒口装新书皮。打四眼，用丝线还原书籍四目装。

修复之后内封面

修复之后内页

修复之后书口

8. 修复心得

本册书籍纸质为日本皮纸，纸张纤维长，帘纹不清晰，纸张拉力强，在平常的修复中很少遇到此类纸质的书籍。配纸方面，很难找到与之完全匹配的补纸，贵州丹寨石桥黔山迎春系列皮纸在外观性质与物理、化学性质上与其最接近，但还是不完美。好在本册书页皮纸强度与贵州迎春皮纸强度接近，通过贵州迎春皮纸和安徽潜山染色薄皮纸两种皮纸的叠补，使书页与补纸在色泽与厚度等外观视觉上也基本接近。皮纸纤维长的特性在修复过程中时常能感受到，如果不理顺纤维，不仅会影响画面清晰度，还会影响修补缺损处的平整度；因为长纤维很容易被拉扯，修复时也要尽量少地直接触摸书页。

第四节 《陇西李氏啟迁世系图》修复详解

修复前书影

1. 文献基本信息

书名：陇西李氏啟迁世系图

版本：手抄家谱　　册数：1 册　　页数：内页 82 页，封面护页 3 页

开本尺寸：30 厘米 × 21 厘米

装帧形式：草订　　纸质：竹纸，微黄，横帘纹，帘纹较均匀，内页纸质厚薄不一，整体纸张较厚　　破损等级：一级

修复人：李爱红 黄粒粒 朱徐超　　接案时间：2021 年 4 月

2. 破损信息

内页虫蛀碎末

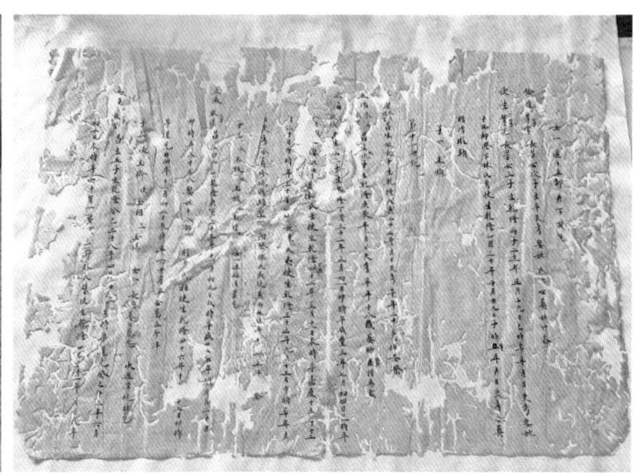

展开内页

本册书装订形式为草订，装订线已断，只在中间两眼上还有细麻绳穿订，两头两订眼有剩余纸捻和部分断了的细麻绳。全书严重虫蛀，封面、封底缺失严重，只在订口中间、订眼周围残留细小封面残片，书前书后各有一张护页保留，说明整册书页完整，不缺正文页。封面、护页和内页纸质相同，都为黄竹纸。整册书三边不齐，像是未经裁切，或为毛装本。书籍外围磨损、缺失严重，上下两张护页破损严重，计划用新的护页替代。部分书页天头、地脚尚可，订口参差不齐，书籍四角都被磨圆。

全书 85 页，第 21 页为空白页，无文字信息，书页中间夹一张单页，有文字内容，还有部分页面上贴有小纸条。本册书最大的病害为虫蛀，全书因虫蛀有无数个细长、大小不等的洞眼，册页纸间充满细小颗粒粉末，随手一抖就是一片，或为虫蛀残留的纸屑碎末。大面积虫蛀洞眼集中在靠近书口和订口两边，因蛀眼密集，导致靠近订口或书口部位碎片严重脱落，尤其在订口、书口上下两侧，因虫蛀密集，碎片脱落，页面内文字内容缺损较严重。

3. 检测信息

（1）纤维检测

用纤维分析仪检测纸张纤维。分别提取书页和纸浆纸样，观察 4 倍、10 倍、20 倍、40 倍显微镜下纤维形态图。从纤维形态图来看，书页与棠岙苦竹纸纸浆纤维都比较均匀，壁较厚，腔径较小，纤维平直、细挺，两端尖细，平均宽度约为 13 微米。与赫式染色剂作用整体呈金黄色，纤维清晰透亮，均为长度较短，含有导管分子的竹纤维，有明显横节纹，杂细胞少，有少量薄壁细胞，可能与打浆度和筛洗度高有关系。通过纤维检测总结，两种纸的纸纤维形态相似，奉化棠岙浅黄色苦竹纸适合作为补纸使用。

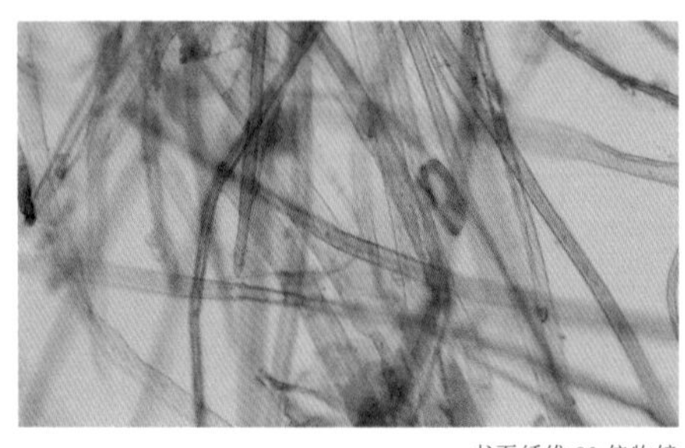

书页纤维 20 倍物镜

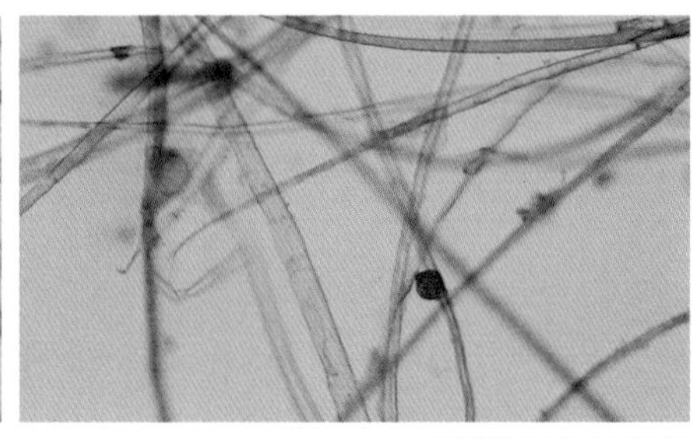

制浆补纸纤维 20 倍物镜

用便携式视频显微镜 3R-MSA600S 观察书页与制浆补纸的纸张纤维结构。

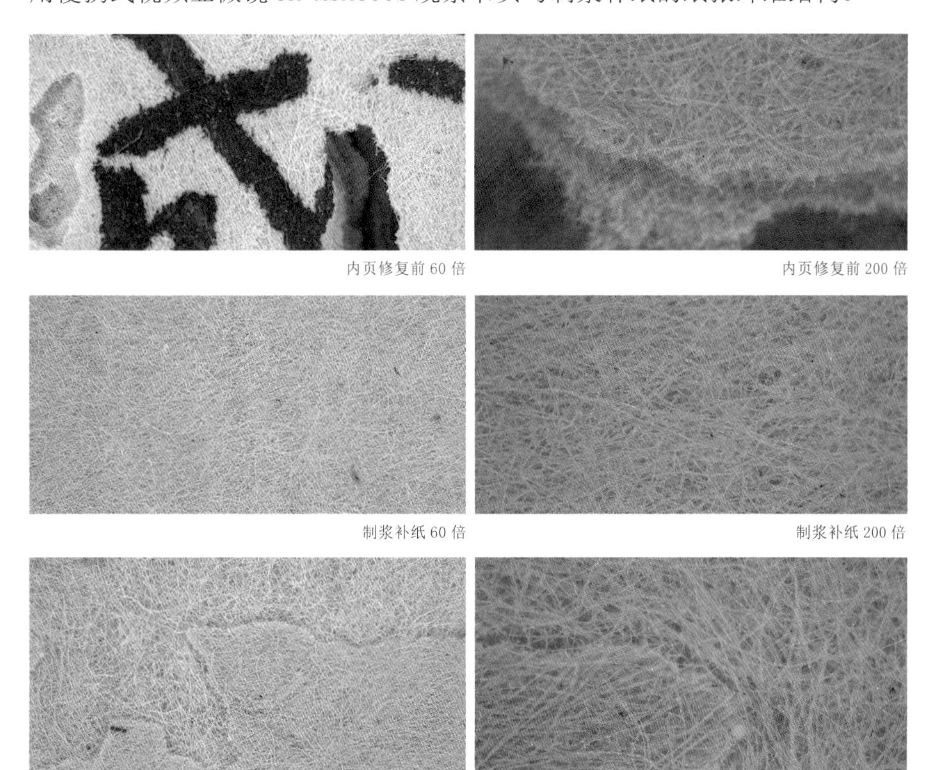

内页修复前 60 倍　内页修复前 200 倍

制浆补纸 60 倍　制浆补纸 200 倍

内页修复后 60 倍　内页修复后 200 倍

（2）外观性质、物理化学性质检测

依据各项检测数据，列表对比《陇西李氏啟迁世系图》书页与制浆补纸奉化棠岙竹纸的外观性质，以及物理化学性质。

表 1 《陇西李氏啟迁世系图》书页和制浆补纸奉化棠岙竹纸外观性质对比测定

序号	名称	纤维种类	颜色	白度	匀度	杂质	手感（正 / 反）	抗水性	帘纹（cm）
1	李氏世系图	竹纸	浅黄	30.2	良好	少	一般	一般	帘纹不清
2	奉化竹纸	竹纸	浅黄	36.5	良好	少	平滑	差	帘纹不规律

表 2 《陇西李氏啟迁世系图》书页和制浆补纸奉化棠岙竹纸的物理化学性质对比测定

序号	名称	纤维种类	W 定量 g/m^2	T 厚度 / mm	D 紧度 g/cm^3	V 松厚度 cm^3/g	18°C 表面 pH 值
1	手抄家谱	竹纸		0.066			6.5
2	奉化竹纸	竹纸	20.2	0.05	0.37	2.72	6.7

通过对《陇西李氏啟迁世系图》书页和奉化棠岙竹纸外观和物理、化学性质的对比，以及放大镜、显微镜对纤维特征的观察，世系图书页和奉化竹纸均为浅黄色竹纸，匀度良好，杂质也都较少，作为纸浆使用，紧度、松厚度及平滑度等影响都不大。从纸张表面来看，纤维清晰可见，无二次加工现象，且都为竹料纸。从分散纤维观测，可见两种纸纤维染色后均呈黄色，较细短，含有导管分子，为竹纤维，纸样表面 pH 值都趋于中性，符合作为制浆配纸需求。

4. 修复方案

（1）制定方案。本册世系图由于保存不利，全书百分之七十到八十面积被虫蛀，给修复带来巨大难度。制定修复方案也非常困难，因为书页纸质没有严重老化、酸化等问题，不需要整册书页加固托裱，但是每张书页上因大面积虫蛀，如果逐张干补，需要耗费大量时间。同时本册书页为民国时期竹纸，紧度与松厚度与我们现在常见的手工竹纸还有些区别，帘纹虽然不清楚，但对光观察还是有帘纹。所以综合考虑，决定采用手工纸浆滴补法来修补本册书页。一方面能提高修复速度，一方面解决纸张难配的问题。

（2）备浆备帘。选择制浆补纸，通过仪器检测，确定采用奉化棠岙浅黄色苦竹纸作为制浆补纸。在制浆过程中，适当往竹纸浆中添加纤维较长的同色系皮纸纤维，以提高纸浆成纸后的强度。因本册书开本较大，一般的纸浆滴补纸帘还不够大，要寻找竹丝细且帘纹对，竹帘还要足够大的修复纸帘。

（3）拆书数页。因本册书破损严重，尤其在订口，拆书数页也要十分小心，尽量少地减少对书页的伤害，在订口面积较完整的部位记录书页顺序。

（4）滴补书页。首先要展平书页，因书页破损严重，在展平书页时，要十分小心，尽量不要扯碎书页，之后将展平的书页正面朝下放在竹帘上，逐步喷潮对位，最后逐个滴补虫洞，完成书页修补。

5. 技术难点

（1）纸浆滴补过程中，纸浆的配制是关键。奉化竹纸纤维短，打纸浆时，搅拌时间一定要掌握好，不能搅拌太久，造成纸浆纤维过短，影响滴补后纸张氢键结合的牢固度；同时打浆时间也不能过短，使纸浆纤维没有完全打散，造成纸浆成团絮状，影响滴补效果。

（2）在滴补过程中，滴浆的速度要掌握好，不宜太慢，同时滴管中纸浆的匀度很重要，滴管移动速度也要掌握好。在没有接触纸浆滴补法之前，误解了纸浆滴补法比普通干补、湿补书页的修补技术简单；其实，滴补也需要长时间的训练，掌握许多关键技巧，才能做到既快又好，既平整又结实，真正体现纸浆滴补法的优势。

6. 配纸信息

纸张名称：奉化棠岙竹纸（厚度：0.05 毫米），制成纸浆，用于滴补书页缺失部位和破损处。

使用原因：《陇西李氏啟迁世系图》内页用纸为竹料纸，制造年代应该在民国时期，此种竹纸白度为 30.2，所配奉化堂岙竹纸白度为 36.5，奉化竹纸略白，符合“宁浅勿深”原则。书籍内页纸张帘纹不清晰，紧度较强，在外观性质上没有完全匹配的纸品。但作为制浆补纸，只要在原料、白度、杂质、pH 值等方面匹配，就能作为滴补纸浆使用。另外，奉化竹纸的竹纤维长度较原书内页的竹纤维长度略短，可在纸浆内添加些许的皮料纤维，以增加成纸后的强度。纸浆滴补法适用于竹料纸的书页修补，纯皮料的书页修补不适用纸浆滴补。因为纤维太长，一方面打浆困难，另一方面浆料容易团絮结块，影响滴补效果。

7. 修复过程

（1）《陇西李氏啟迁世系图》破损级别为 1 级，破损严重，首先要详细记录书籍破损现状，包括拍照、文字及视频记录等。制定修复方案，准备工具材料。拆书数页，前期拍照可记录封面、封底、书口等外部图像，拆书数页之后，可记录每一张内页的图像，尽量不要扯断内页的局部残片。

（2）准备合适的竹帘，竹帘的帘纹、丝纹最好与书页帘纹、丝纹一致。将竹帘平铺在垫有毛毡或厚毛巾的修复台上，毛毡和厚毛巾一定要选用易吸水的。注意毛毡和竹帘一定要铺平，不能有褶皱。展开书页，先将其正面展平在吸水纸上，从正面观察有文字信息的部分是否完全对位，将脱落的碎片对齐归位，拍照。确定所有皱褶完全打开之后，将书页正面朝下，轻轻移至竹帘上，依据刚才从正面拍的照片，将碎片对齐归位，尤其注意有文字信息部分的碎片不能有丝毫错位。另外找不到位置的无内容的空白碎片可填入书页空白破损处。注意书口要完全展开并对齐中缝。

从正面展平书页

将碎片拼对到缺损处

（3）用干毛笔或排刷先轻轻扫除书页上的尘土颗粒，用喷壶慢慢喷潮书页。不要一次性完全喷潮，让书页纸张有可移动的余地。潮湿可以让纸纤维伸展开来，再用干毛笔轻轻继续展平书页。因为本册书籍虫蛀非常严重，喷潮展平后，再用毛笔点清水给书页定位，让书页和竹帘完全贴合。点清水定位要从书页中缝开始，向两边伸展出去，让整张书页与竹帘完全贴合，这样便于之后用滴管滴纸浆时能更快地渗透下去，提高滴浆速度，利于纸浆纤维与书页破损边沿纤维均匀牢固结合。毛笔点清水时，顺着纸张纤维伸展的方向，让纸张纤维还原归位。点清水的同时也能起到清洗书页的作用，污渍黄水顺着竹帘流到竹帘下面的毛巾上。

从书页中间开始点清水定位

点清水让书页残片归位，与竹帘完全贴合

（4）书页完全展平贴合竹帘之后，裁四条吸水纸边围在书页四周，以阻止纸浆滴补时浆水外渗，同时也方便书页在滴补完成后从竹帘上完整不伤边沿地揭取下来。四条纸边要对齐书页四边，用清水打湿固定位置，注意四条边不能压到书页，宁可有一点缝隙。有的书页本身就不直，所以也不必强求书页边缘完全吻合。

贴纸边

四边围合

（5）将奉化棠岙浅黄色竹纸撕成极小碎片放入装有纯净水的搅拌机中，加入少量悬浮剂，用搅拌机打碎。因为竹纸原料纤维较短，搅拌时间不用很长。补纸原料与纯净水、悬浮剂的比例要通过多次实验来确定。补纸过多，纸浆太厚，滴管下浆不畅，补破的部位与原书页厚度也不匹配；补纸太少，纸浆太稀，补破的部位太薄，与原书页也不匹配。纸浆滴补法的优点之一就是书页修补后不需要捶打即可平整。如果浆水浓淡控制不好，书页是无法滴补均匀的。另外，悬浮剂的添加也非常重要，不能多，一点点即可。看悬浮剂剂量是否合适，只要看纸浆在搅拌机中是否均匀，如果浆液下沉较多，沉淀明显，说明悬浮剂过少；如果浆液在上，清水在下，则悬浮剂过多；另外，

纸浆上浮，悬浮剂过多

悬浮剂合适

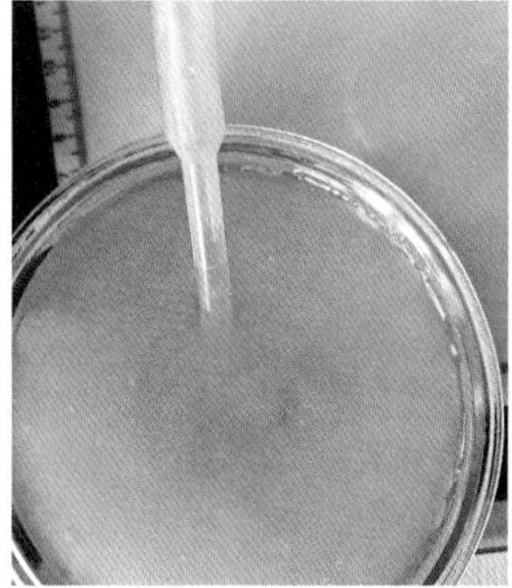
纸浆匀度、浓度、白度合适

打纸浆时出现泡沫且很粘稠，也说明悬浮剂过多。若浆液比较均匀或只有略微下沉，说明加入的悬浮剂适当。一般纸浆补书法都是用竹纤维，皮纤维长，不易打匀，但是在竹纸浆料中加一点皮纤维可以增加书页修复后的强度，使纸张拉力增强。另外，在制浆过程中如果发现纸浆白度与原书页相差较大，也可以加一点深色纸浆料，适当调配，使纸浆白度与书页白度更加接近。

（6）滴浆补破从书页中间开始，将滴管吸满浆水并举高，离书页一定距离，挤捏滴管，利用重力将纸浆滴在书页破损处，浆液在竹帘上被快速均匀吸收。注意观察滴管中的浆液状态，要均匀且没有气泡。滴管纸浆滴速快，吸收快，利于浆液均匀铺开，和书页破损边缘纤维迅速结合。为了浆水能迅速渗透，吸收更快，可以用另一支吸管或镊子压一压帘子，帘子下的毛巾能吸收掉水分。完成一次滴浆过程，要一直捏住滴管不放松，防止滴管中有空气渗透，造成滴浆不匀。注意观察滴管滴出浆水的状态，如果滴出的是水，说明滴管中的浆液不均匀，此时要先调整浆液再继续滴补。滴补过程中要经常搅拌量杯中浆液，以防止浆液不均匀。观察纸浆在滴管中的状态，如果出现坨状、明显颗粒或颜色深浅不均，便说明纸浆还没打好。

在滴补过程中，随着时间的推移，纸浆杯中的纸浆也会发生变化，如纸纤维容易成团，水分逐渐减少，纸浆越来越浓稠等。因此，每过一段时间要检查纸浆的匀度与浓度，根据实际情况调整浆液。滴浆过程中要始终保证纸浆铺匀，厚薄一致。整张书页滴补完成后，检查有没有漏补的地方，确认全部补完，待书页中水分下沉吸去大部分之后，再揭帘。

滴补

杂质镊去

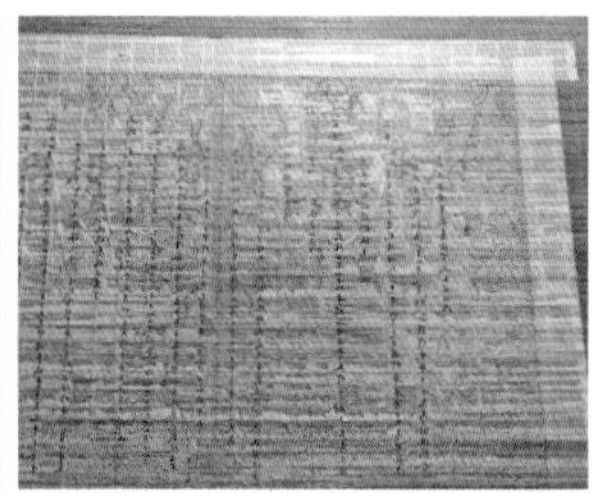

滴补完成

（7）在书页上覆上一张吸水纸，连同吸水纸、书页、竹帘一起翻转至竹帘朝上，下垫数张吸水纸。小心揭去竹帘，因书页四周有纸边保护，所以揭帘时不会伤到书页。竹帘揭去后，覆上吸水纸轻轻按压吸去书页表面水分，并再次检查修补情况，及时查漏补缺。最后书页正面朝上，揭去周围四条纸边，确认书页展平，上下垫吸水纸，盖上压书板和压书石，晾干压平书页。

翻转竹帘朝上，下垫吸水纸

揭去竹帘

揭去吸水纸

从正面揭去四条纸边

（8）书页滴补完成后，进入还原阶段，折页剪书，齐栏装订。还原步骤在此不做详尽描述。

8. 修复心得

此前对手工纸浆补书法接触不多，最初留下的印象是简便易学，亲身经历后发现完全不是想象的那样简单，打浆匀度、浓度，包括悬浮剂的剂量都控制不好，滴补时速度控制不好，修补后纸张匀度与厚薄也控制不好。带着种种问题，请教南京大学图书馆古籍修复专家邱晓刚老师，在与邱老师的交流过程中，了解到纸浆浓度调试的重要性；滴管滴浆渗透得越快越均匀；滴管高度能控制滴浆速度。邱老师还强调纸浆修复最大的特点就是适应性强，效果快。滴补修复中熟能生巧，关键是手上的感觉。在这之后的练习过程中找到了手感，掌握了纸浆浓度，滴浆速度也快了，修补书页的匀度和厚薄问题也就迎刃而解。手工纸浆补书法如果能得心应手掌握好，不仅能解决快速修补书页的问题，在书页平整度和后期防虫等方面也比传统书页修补方法有优势。

第五节《春夏秋冬花鸟山水四屏条》修复详解

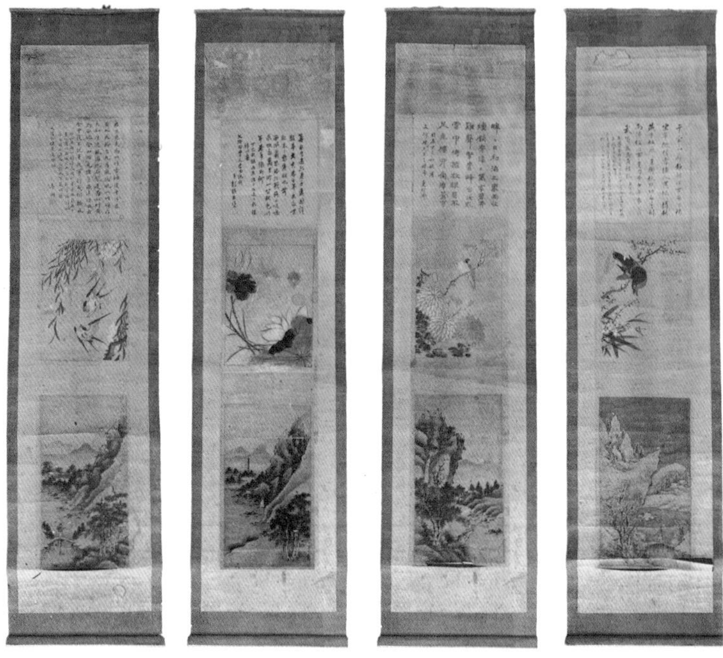

《春夏秋冬花鸟山水四屏条》修复前

1. 基本信息

题名：春夏秋冬花鸟山水四屏条

年代：民国　材质：纸本　装裱形式：立轴（两色裱、带诗堂）

件数：4 幅　原件尺寸：总长 163 厘米 × 40.5 厘米，画心 115 厘米 × 26 厘米（诗堂 26.5 厘米，画心 88 厘米）　修复人：陶凌、李爱红

参与人：黄粒粒、朱徐超　接案时间：2021 年 5 月

2. 原件装裱特点与破损信息

（1）原件装裱特点

《春夏秋冬花鸟山水四屏条》画心四周镶纸，镶纸之外还有磁青色麻布镶裱。此套裱件天地狭窄，两边较宽。地杆无轴头且直径较小，诗堂与画心之间无隔水，画心无出助。从画心到背纸共有四层，画心层、命纸层（皮纸）、背纸（皮纸）两层。初步判断此种装裱形式为民国时期民间商业装裱。屏条是中国书画装裱常用的样式之一，内容以春夏秋冬、四季花

卉、四季山水等居多，此四屏条为典型的中国传统四季屏条。

（2）破损信息

此套屏条保存现状不佳，通体折伤，表层有浮土与斑驳霉渍，天头上部较地脚下部尘土侵蚀严重，画心底部糟裂多处，画面不掉色，纸质柔韧性不佳，有明显修补痕迹，有油渍。第一幅：山水画心底部与镶料重叠位置有裂口，远山之间折伤处有零星缺失，花鸟燕子尾部有明显溅落污渍；第二幅：山水画心折伤处有缺失，花鸟画左部有明显被修补的贯穿撕裂，右侧有三团明显油渍；第三幅：受损最少，山水画心底部与镶料重叠位置有裂口；第四幅：山水画心底部折痕处有两道裂口，花鸟画八哥尾部缺失一小块，诗堂左上部有明显油渍。

3. 检测信息

（1）纤维检测

用纤维分析仪检测纸张纤维。本次检测没有从画心提取纸样，而是提取了命纸、裱件、覆背纸，以及新命纸和新覆背纸做检测，观察显微镜下几种纸张的纤维形态图。从分散旧命纸纸样纤维观察，赫氏染试剂染色后呈酒红色，有明显胶衣，纤维长度较长，有明显横截纹，为典型皮纤维形态；纤维间分布深色絮状物，与旧覆背纸样纤维形态相似，或为老旧托裱中的残余浆糊及灰尘污垢。从分散裱件纸样纤维观察，赫氏染试剂对该纸染色反应较弱，呈透明色，纤维上附有黑色不知名对象，猜测为浆糊或附着灰尘颗粒；该纸样纤维平滑细直，弯曲打结少，有部分杂细胞，可推断为纯竹纸。从分散覆背纸样纤维观察，赫氏染试剂染色后呈酒红色，有明显胶衣，纤维长度较长，推测为皮纤维；纤维间分布深色絮状物，猜测为托裱残余浆糊或后期附着尘土，呈现出的纤维状态与加工过的德承贡纸系列有些许相似。该纸样部分纤维长度短，有明显切断痕迹，宽度较宽。作为覆背纸和命纸，虽拉力强劲，但整体裱件较厚，后期将选择更薄的纸张进行托裱。新托纸和新覆背纸都是汪六吉绵料绵连，纤维长短相间，键合度高，整体纤维染色后为浅酒红色；20 倍物镜下蓝紫色锯齿状表皮细胞明显；皮纤维较长，相较前面旧命纸、旧覆背纸的纸样纤维，整体纤维干净许多，杂质也很少。

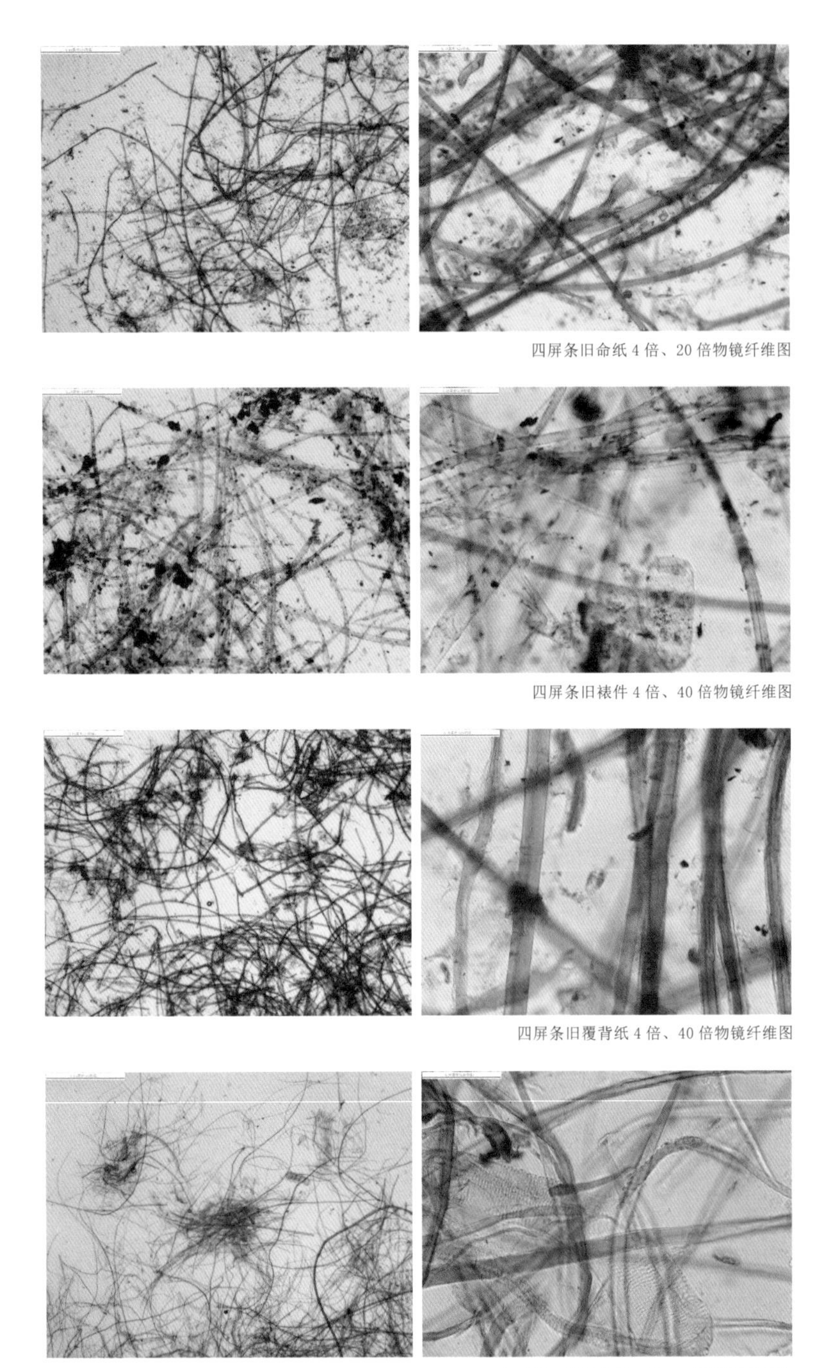

四屏条旧命纸 4 倍、20 倍物镜纤维图

四屏条旧裱件 4 倍、40 倍物镜纤维图

四屏条旧覆背纸 4 倍、40 倍物镜纤维图

新托纸、新覆背纸 4 倍、40 倍物镜纤维图

（2）外观性质、物理化学性质检测

依据各项检测数据，列表对比四屏条旧命纸裱件与新命纸裱件的外观性质，以及物理化学性质。

表 1 《春夏秋冬花鸟山水四屏条》旧裱件及新裱件外观性质对比测定

序号	名称	纤维种类	颜色（清洗前）	白度（清洗前）	颜色（清洗后）	白度（清洗后）	匀度	杂质	手感（正 / 反）	抗水性
1	旧裱纸	竹纸	灰黄	14	灰白	27.80	一般	少	一般 / 粗糙	一般
2	旧覆背纸	皮纸	灰黄	18	灰白	29.80	一般	少	平滑 / 粗糙	一般
3	旧命纸	皮纸	白				一般	少	平滑	一般
4	新命纸	宣纸	白	72.5			较好	少	平滑	差

表 2 《春夏秋冬花鸟山水四屏条》旧裱件及新裱件物理化学性质对比测定

序号	名称	纤维种类	W 定量 g/ m²	T 厚度 / mm	D 紧度 g/cm³	V 松厚度 cm³ /g	18°C 表面 pH 值
1	旧裱纸	竹纸	22	0.06	0.37	2.72	6.6
2	旧覆背纸	皮纸					6.6
3	旧命纸	皮纸	28.5	0.07	0.41	2.46	6.6
4	新命纸	宣纸		0.05	0.47	2.13	6.8

本次检测没有对画心做微损取样检测，而是从外观观察光泽度、白度、厚度、帘纹等特征，选择与画心在光泽度、白度等方面接近的原裱纸作为补纸。因为裱纸与画心在同样环境共存近百年时间，相同的空气、温度、湿度等自然环境对屏条的影响，使得画心与裱纸在色度、白度、光泽度，以及老化程度、强度等方面都非常接近，所以决定在实际修复中选用原裱纸作为画心补纸，对破损处进行修补。另外通过对四屏条的旧命纸、旧覆背纸，以及新命纸、新覆背纸外观性质、物理化学性质的检测分析，决定选用与旧命纸、旧覆背纸性能接近的汪六吉绵料绵连作为新命纸和新覆背纸。旧命纸和旧覆背纸都是采用纤维较长的皮纸，而汪六吉绵连是皮草混料纸，纸张强度与旧皮纸接近，且汪六吉绵连还有质地柔软且薄的特性，更适合用作命纸和覆背纸。此次旧命纸、旧覆背纸的检测，有助丰富皮纸和宣纸的数据库，开发皮纸的更多使用性能。而且通过不断检测和试验，为覆背纸选择宣纸或皮纸提供更多的实验佐证资料。

4. 修复方案

依据该四幅屏条的破损与原裱情况，初定了三个修复方案。

第一个方案尊重文物原貌，以修旧如旧原则制定保守的修复方案。不对画心部分做任何改动，对原作除尘去污，清洗画心，揭去旧背纸，利用原旧镶料做补纸，补全画心破损部位，依画作原尺寸做挖镶装裱，恢复旧画原貌。

第二个方案是从艺术品修复的角度出发，方裁画心，使画面比例更协调，因为原画作诗堂与绘画部分尺寸宽幅不一致，且山水与花鸟两幅画作间距过宽。另外绘画部分画心的外围是用划线的形式来区分画面与镶料部分，原画心没有方裁出助。新的修复装裱方案是对框线以外的部分进行裁切，使画面比例更紧凑，最后做二色装裱。这个修复方案，虽然对原作稍做改动，但不触及画心，使原作诗堂、花鸟、山水三幅作品在整个画面比例上更协调，更美观。

第三个修复方案相对前两个更激进一些，更趋向商业修复、艺术品拍卖与收藏修复。具体思路是将四幅单件作品改为八幅单件作品，花鸟和诗堂做一个单件作品装裱，山水做另一件单件作品装裱，山水画作之上可加装一块空白诗堂，请名家题诗，这样使原来一件四屏条变为两件四屏条。这种修复方案对有文史价值的文物不适用，但在商业修复中会经常出现，尤其一些收藏家希望通过自己的装裱修复改造，使藏品更具艺术价值和收藏价值。

三种修复方案没有好坏之分，只是从不同角度出发进行修复方案的探索。正如前面提到的文物修复基本原理，对艺术品的修复要遵循修旧如旧、最少干预的原则，最后我们与收藏人沟通，选择了第一种修复方案。

5. 配纸信息

（1）原画作裱纸，用于修补画心缺失部位，破损处。

使用原因：《春夏秋冬花鸟山水四屏条》裱纸在纸张质地、白度、厚度上都与画心纸接近。因为裱纸与画心长时间处于同一种环境，经历同样的时间岁月，纸质白度与强度都比较接近，适合用作画心的补纸。如果选用新纸，在纸张纤维收缩、纸质老化程度等方面还不一定能这样匹配。所以在原画作裱件纸质较好的情况下，常会选用原画心托纸或裱纸作为修补用纸。

（2）汪六吉染色绵连，用作画心托纸。

使用原因：原件画心命纸为纯皮纸，最初计划用纯皮纸作为新命纸托画心，但实际操作过程中担心新皮纸拉力强，收缩率大，与画心不匹配，保守修复，最后还是选定皮草混料的宣纸。在宣纸中，汪六吉扎花与汪六吉绵连两种纸都可以用作命纸，考虑画心尺幅较长，扎花较薄，为避免因扎花过薄而引起崩裂，遂弃用。棉连纸与画心纸质地接近，收缩比接近；同时，绵连纸厚薄适中，适合用作命纸托画心；画心颜色古旧，泛灰黄色，对棉连纸做旧染色，浅黄色的绵连托心后，不会改变画心的色调。

（3）汪六吉绵连，用作覆背纸。

使用原因：绵连用作覆背，同托心一样，收缩比与画心接近，两层绵连覆背，厚薄合适，经过砑光，绵连覆背纸既柔软又结实。

（4）古法青色绢，用作隔水镶料。

（5）青色花绫，用作天地头镶料。

使用原因：根据该画心尺寸提出二色装裱方案，画心四周用古法青色绢挖镶，天地头用青色花绫镶裱。

6. 修复过程

（1）制定修复与装裱方案之后，拍照存档，记录每一处破损细节。裁旧镶料，取旧镶料纸样做检测分析。因《春夏秋冬花鸟山水四屏条》属于民间商业装裱，裱件纸张和青色麻布都比较粗糙，且裱纸老化严重，原裱件不适宜继续使用，挑选新裱件重新装裱。

计算原镶料尺寸

裁切原镶

（2）原画作表面有大量浮尘和污渍，气沉色暗，还有顽固油渍褐斑。画心纸质较差，通体折伤，且局部有脆化现象，为防止伤到画心，不采用面团粘走浮尘的干洗法，只用软毛刷轻轻将浮尘刷去，以免对画面造成损伤。为缓解旧画气沉色暗，提神显色，用温水淋洗。淋洗之前，用棉签蘸纯净水在重彩部位轻轻擦拭，检查是否掉色，发现所有着色部位均不掉色，可放心清洗。

（3）清洗难点在于去污、去油渍过程中对各类清洗剂的控制和对画心神采的维持，包括水温、水量、力度等因素。四张旧画中，夏荷这一张因荷花上有油渍褐斑，所以尝试用小苏打和高锰酸钾清洗。其他三张只用热水淋洗和小苏打浸洗。因为此屏条旧画覆背纸保存尚可，可在潮湿状态下提拿，所以将画心直接正面朝上放在清洗盆中，底部未衬无纺布、竹帘等。喷潮湿润，舒展纸张纤维，观察画心变化。用热水淋洗，去除水渍、黄渍及表面沉积物。为防止水流冲击画心，用排笔隔水悬空冲淋，不直接对着画心，热水温度控制在 60 摄氏度以下，稍做浸泡，待黄渍溢出，倒掉黄水。

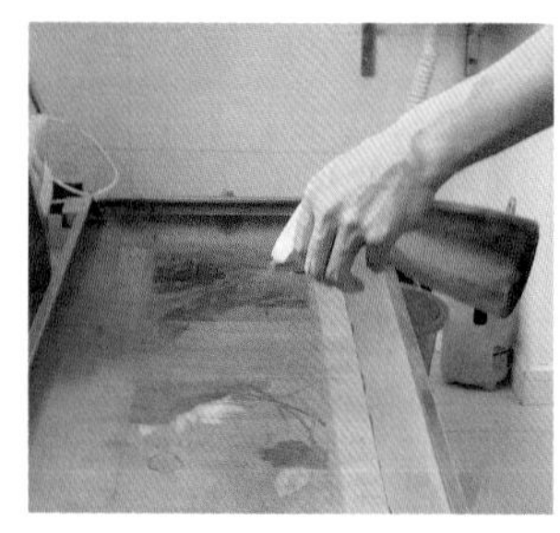

喷潮

用热水淋洗

浸泡出“酱油汤”

热水淋洗之后，效果不是很理想，再用小苏打水浸泡清洗，以达到除酸去油渍目的。小苏打与水比例 1:1000，水温在 60 摄氏度以下。小苏打水浸泡之后，需要用清水多次清洗，洗净残留小苏打，避免对画心造成二次伤害。

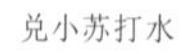

兑小苏打水

小苏打浸洗

经过前面两次清洗，发现油渍与褐斑去除不理想，再用高锰酸钾局部清洗顽固油渍褐斑。用 100 毫升、30 摄氏度热水溶解 10 克高锰酸钾，用小排笔蘸高锰酸钾溶液，涂抹油渍褐斑处，待紫红色溶液反应成茶色溶液后，用草酸溶液涂抹中和，用纯净水淋洗去除残留清洗剂。画心经过清洗之后，原有污渍、水渍、泥渍得到有效清除，画心表面焕然一新，基本恢复了本色，画心本体光泽度、厚度基本没有改变。

配制高锰酸钾溶液

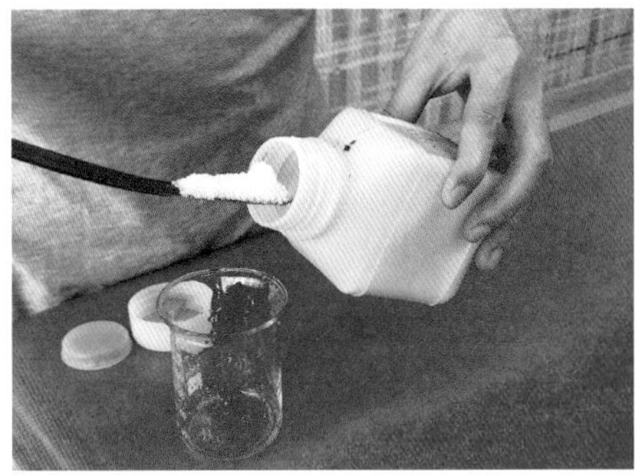

配制草酸溶液

（4）清洗之后稍做晾干，进入揭命纸步骤。在画心正面覆一层塑料膜，以保护画心，将覆好膜的画心在修复台上正面朝下展平刷实，覆背纸朝上，用毛巾吸掉多余水分。先揭最外层的覆背纸，在画心之外空白处用指腹搓磨试揭，对背纸、命纸的层数和难易程度做到心中有数，循序渐进。通过揭、揉、搓、捻等手法，用镊子、针锥等小工具顺势慢慢揭起。该屏条背纸薄浆易揭，两层背纸很快较完整地揭了下来。但命纸揭去并不容易，因局部有前人修复过的痕迹，前人修复的区域，纸质更差，因此要十分小心，不能确定的地方，暂留部分命纸，以确保画心安全。

揭两边镶料

揭覆背纸

（5）该画通体折伤，缺失多在断裂处，在揭完命纸之后，整理画心，对经前人修复的部位重新对位拼合，错位的部分复位，裂开的部位拼齐复位。

该套屏条画心纸质尚可，残破缺损处不多，也有较合适的补纸，所以采用碎补的形式修复画心。在修补之前不仅要挤缝复位，还要对缺损边缘处进行刮口处理，一方面将破损边缘刮出两毫米左右的斜坡，另一方面对画心四周需要接补的边缘，也要刮出斜坡。然后用毛笔在斜坡上涂薄浆，在旧镶纸中挑选厚度、白度接近且纸质较好的补纸，修补在刮好的画心破损处。补纸粘实在破处后，还要用刮刀刮去多余补纸，刮平重叠的部位，使画心厚薄保持一致。修补画心，选用补纸，坚持厚度宁薄勿厚，白度宁浅勿深，帘纹宁宽勿窄的原则。画心修补完成后，检查四边是否完整且方正，无误后做软助条，再用与浅画心一个色系的绵连覆托画心，放置一晚后，对断裂处、折痕处贴折条，最后待整张画心自然干燥后，再整体喷潮上墙。

补画

（6）画心托在墙上，待完全干后，可上胶矾水，全色。胶矾水的配比一定要合适。过去上胶矾水是将画心整体上一遍，现在为保护画心，只在补纸上需要全色的部位上适量胶矾水，能满足全色要求即可。全色是在画心修补处全上与周遭相似的颜色，使后补的空白能自然融入画面，形成浑然一体的效果。全色先从画面繁缛处开始，因为繁缛处颜色丰富，补色有些许不准确也不易被察觉。全色先使用小块确定颜色是否准确，再逐步扩大面积，宁干勿湿，宁浅勿深，多次少量层层罩染，根据画面不同色调的变化，灵活加减颜色。全色大块面的背景色时，一定要小心，此处颜色看似单一，但局部仍有变化，要随时增减颜色，背景色全得的不准，很容易被察觉。画面残缺处，已商定不接笔，最大限度保留文物原状。只做延长旧画寿命，保证当前画面完整度的最少干预修复。

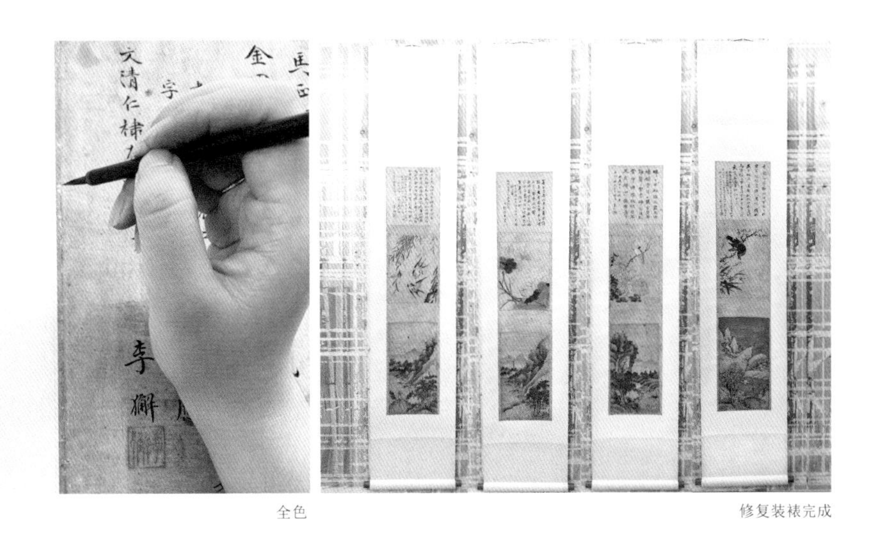

全色　　修复装裱完成

（7）完成四幅屏条的修补与全色之后，对屏条进行装裱。采用二色裱，先用青色耿娟挖镶，再用花绫镶天地头，最后完成覆背和砑装。

7. 修复心得

《春夏秋冬花鸟山水四屏条》在修复过程中遇到的最大障碍就是清洗问题。一是油渍褐斑无法去除干净，再就是清洗过程中度的掌握。我们尝试在裁切下来的裱件上做实验，对裱件上的油渍使用酵素清洗，发现使用浓度较高酵素在裱件干燥的状态下，涂抹油渍褐斑，能完全去除掉褐斑，但当我们降低酵素浓度对画心中的油渍褐斑进行涂抹清洗时，效果不佳。在没有安全确保的前提下，放弃使用浓度高的酵素清洗。另外，在清洗过程中要保证四幅旧画整体色泽度在清洗后统一，所以始终注意四张画清洗的遍数一致。同时，在同一张画上，也要保证画面上部、中部、下部色泽度在清洗之后保持一致。清洗过头，洗去旧画原有的包浆，也是不可取的。所以，修复完成后四屏条呈现的画面效果依然保有旧色，这或许是对它最好的保护。

参考书目

[1] 潘吉星：《中国造纸史》，上海：上海人民出版社，2009 年。

[2] 王菊华：《中国古代造纸工程技术史》，太原：山西出版传媒集团·山西教育出版社，2006 年。

[3] 刘仁庆：《中国手工纸的传统技艺》，北京：知识产权出版社，2019 年。

[4] 刘家真：《水与纸质藏品的清洁修护》，北京：国家图书馆出版社，2019 年。

[5] 李爱红：《纸质文物修复技艺·古籍修复》，杭州：西泠印社出版社，2020 年。

[6] 潘吉星：《中国造纸技术史稿》，北京：文物出版社，1979 年。

[7] [北魏] 贾思勰著，石声汉释：《齐民要术选读本》，北京：农业出版社，1961 年。

[8]（美国）达德·亨特：《造纸术：一项古代工艺的历史和技术》（第 2 版），纽约：多佛出版社，1978 年。

[9] [明] 屠隆：《纸墨笔砚笺·纸笺》，《美术丛刊》二集九辑，上海神州国光社排印本，1936 年。

[10] [明] 陆万垓：《楮书》，《江西省大志》卷八，国家图书馆藏万历廿五年（1597）刊本。

[11] [清] 方以智：《物理小识》卷八，丛书集成本第 543 册，商务印书馆，1936 年。

[12] [明] 高濂：《遵生八笺》卷十五，台湾商务印书馆影印四库全书子部 177 卷，1983 年。

[13] [明] 屠隆：《考槃余事》，《四库全书存目丛书》子部 118 册，济南：齐鲁书社，1995 年。

[14] [清] 叶昌炽：《语石》，上海：上海书店，1986 年。

[15] [明] 张萱：《疑耀》，台湾商务印书馆影音四库全书，总 857 卷（子部 162 卷），1986 年。

[16] [明] 周嘉胄等：《装潢志·赏延素心录：外九种》，扬州：广陵书社，2016 年。

[17]（意大利）切萨雷·布兰迪：《修复理论》，上海：同济大学出版社，2016 年。
[18] 汪帆、李爱红：《书路修行·纸质文献修复》，杭州：西泠印社出版社，2019 年。
[19] 王菊华：《中国造纸原料纤维特性及显微图谱》，北京：中国轻工业出版社，1999 年
[20] 张金萍、陈潇俐等：《中国书画文物修复导则》，上海：译林出版社，2017 年。
[21] 陆宗润：《书画修复理论》，北京：高等教育出版社，2020 年。
[22] 易晓辉：《我国古纸及传统手工纸纤维原料分类方法研究》，《中国造纸》2015 年第 10 期。
[23] 杜春宇：《打浆的影响因素及对成纸性能的影响》，《黑龙江造纸》2017 年第 3 期。
[24] 宋晖：《现代显微技术在纸质文物鉴定与修复中应用》，《文物保护与考古科学》2015 年第 2 期。
[25] 易晓辉：《古籍修复用纸质量检测项目概述》，《文献保护研究简报》2011 年第 1 期。
[26] 李燕、胡开堂：《纤维间与纤维内的键合》，《纸和造纸》2003 年第 1 期。
[27] 高桂林、林本平等：《纸浆纤维木质素含量对纸页强度与结合性能的影响》，《江苏造纸》2012 年第 4 期。

后记

传统手工纸对于从事传统纸质文物修复的修复人来说，就像主妇做饭离不开的食材，修书人哪能没有纸，所以收藏与研究传统手工纸成为本人近年来的主攻方向。自从开始钻研纸质文物修复，我就一边收藏古籍文献、古字画等，一边在全国各地购买传统手工纸，为的就是将来有一天，无论遇到怎样特殊的纸质文物，都能信手拈来匹配的修复补纸。

撰写本书的目的也是为了帮助从事纸质文物修复的工作人员了解如何配纸，知道手工纸对于纸质文物修复的重要性。本书的许多内容源自向前辈同行的学习，潘吉星先生的《中国造纸史》、王菊华先生的《中国古代造纸技术史》等给予我许多在传统手工造纸方面的知识。本书中关于手工纸检测这一块的内容，由本书的另外两名作者—— 我的研究生黄粒粒和朱徐超完成。她们的努力参与补足了我在手工纸检测这一块的短板。本书第四章修复案例，是本人在中国美术学院艺术管理与教育学院艺术鉴藏系的课堂教学中，与研究生和本科生共同完成的修复作品。每个案例的文字内容都是和参与修复的学生共同完成。其中最后一个《春夏秋冬四屏条》案例由浙江美术馆陶林老师主持共同完成，在此对陶老师表示感谢！

对于传统手工纸的了解，起于近几年带学生下乡考察，走访考察了浙江富阳逸古斋纸坊、富阳蔡氏纸坊、富阳越竹斋纸坊、宁波奉化棠岙纸坊，还考察参观了安徽中国宣纸博物馆、安徽泾县汪六吉宣纸厂、泾县徽记宣纸厂、泾县小岭纸加工研究所、泾县守金皮纸厂、泾县贡玉堂文房用品工艺厂等地，通过实地考察，向传统手工造纸传承人学习造纸工艺。在这里要特别感谢奉化棠岙纸坊袁建增老师、富阳逸古斋朱中华老师、汪六吉宣纸厂李正明老师、守金皮纸厂程玮老师、贡玉堂王婷老师、小岭纸加工研究所金永辉老师、徽宝堂曹小荣老师，每到一地，老师们不仅毫无保留地带我们参观，还详细介绍造纸的每一道工序，在此向各位老师再次表示感谢！另外，除浙江、安徽等地之外，对于没能实地考察的地区，通过电话或微信联系，学习和采购了包括贵州丹寨石桥黔山皮纸、德承贡纸坊皮纸、安徽潜山皮纸、江西铅山玉锦堂竹纸、江西铅山古法连四纸、福建长汀与连城竹纸等的纸张。在学习研究与采购手工纸的过程中，还要特别感谢江苏江阴博物馆的陈龙老师，从陈老师那里我学到许多传统手工纸的知识，陈老师还非常耐心地给我推荐了许多质量上乘的修复纸品。

本书第一章传统手工纸的部分图例也是在实地考察手工造纸的旅途中拍摄的，另外还有一部分与奉化棠岙竹纸生产过程相关的照片，是由中国美术学院影视动画学院杨涛老师提供，杨老师提供的图例都非常精彩，在此深表感谢！本书的部分图例来源互联网，有些不清楚归属，不能一一标明确认，在此深表歉意！本书第四章的实际修复案例的图片是在修复过程中边修边拍摄完成的，拍摄人员有本人，也有同学，还有家人，对家人及同学的帮助，在此也表示感谢！本书的设计依然邀请梁庆老师来完成，因为喜欢他做书的态度。最后还要感谢中国美术学院出版社丁国志和楼芸老师，他们的尽心帮助使得本书顺利出版。

本书在撰写过程中，由于学识有限，加之时间仓促，纰漏不足之处，恳请方家与读者指正。

李爱红

2021 年 7 月于缮书堂

责任编辑　丁国志
装帧设计　梁　庆
责任校对　杨轩飞
责任出版　张荣胜

图书在版编目（CIP）数据

传统手工纸与纸质文物修复 / 李爱红，黄粒粒，朱徐超著. -- 杭州 : 中国美术学院出版社，2021.12（2023.1重印）

ISBN 978-7-5503-2755-9

Ⅰ.①传… Ⅱ.①李… ②黄… ③朱… Ⅲ.①手工纸一造纸一技术一研究②纸制品一文物一器物修复一研究
Ⅳ.①TS766 ②K876.94

中国版本图书馆CIP数据核字（2021）第253713号

传统手工纸与纸质文物修复
李爱红　黄粒粒　朱徐超　著

出 品 人　祝平凡
出版发行　中国美术学院出版社
地　　址　杭州市南山路218号　邮政编码：310014
网　　址　http://www.caapress.com
经　　销　全国新华书店
制版印刷　浙江海虹彩色印务有限公司
版　　次　2021年12月第1版
印　　次　2023年1月第2次印刷
印　　张　12
开　　本　787mm×1092mm　1/16
字　　数　250千
印　　数　1001—2000
书　　号　ISBN 978-7-5503-2755-9
定　　价　88.00元